本书获得国家重大基础研究计划（973）项目（2012CB955801）和中国社会科学院基础研究学者资助项目（2014—2018）资助

中国碳排放问题和
气候变化政策分析

蒋金荷 著

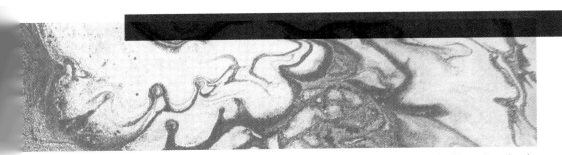

China's Carbon Emissions and Climate Change Policy Analysis

中国社会科学出版社

图书在版编目（CIP）数据

中国碳排放问题和气候变化政策分析/蒋金荷著.—北京：
中国社会科学出版社，2014.12
（气候变化经济过程的复杂性丛书）
ISBN 978 - 7 - 5161 - 5203 - 4

Ⅰ.①中⋯　Ⅱ.①蒋⋯　Ⅲ.①二氧化碳—排气—研究—
中国②气候—政府—研究—中国　Ⅳ.①X511②P46 - 012

中国版本图书馆 CIP 数据核字（2014）第 282524 号

出 版 人	赵剑英	
责任编辑	卢小生	
责任校对	周晓东	
责任印制	王　超	
出　　版	中国社会科学出版社	
社　　址	北京鼓楼西大街甲 158 号	
邮　　编	100720	
网　　址	http：//www.csspw.cn	
发 行 部	010 - 84083685	
门 市 部	010 - 84029450	
经　　销	新华书店及其他书店	
印　　刷	北京明恒达印务有限公司	
装　　订	廊坊市广阳区广增装订厂	
版　　次	2014 年 12 月第 1 版	
印　　次	2014 年 12 月第 1 次印刷	
开　　本	710×1000　1/16	
印　　张	14.5	
插　　页	2	
字　　数	218 千字	
定　　价	56.00 元	

凡购买中国社会科学出版社图书，如有质量问题请与本社营销中心联系调换
电话：010 - 84083683

序

    气候变化经济学是近 20 年才被认识的学科，它是自然科学与社会科学结合的产物，旨在评估气候变化和人类应对气候变化行为的经济影响与经济效益，并且涉及经济伦理问题。由于它是一门交叉科学，气候变化经济学面临很多复杂问题。这种复杂问题，许多可以追踪到气候问题、经济问题的复杂性。这是一项艰难的任务，是一个人类面临的科学挑战，鉴于这种情况，科学技术部启动了国家重大基础研究计划（973）项目——气候变化经济过程复杂性机制、新型集成评估模型簇与政策模拟平台研发（2012CB955800），我们很幸运接受了这一任务。"气候变化经济过程的复杂性丛书"就是它的序列成果。

    在这个项目研究中，我们将围绕国际上应对气候变化和气候保护政策问题，展开气候变化经济学的复杂性研究、气候保护的国际策略与比较研究，展开气候变化与适应的全球性经济地理演变研究，中国应对气候变化的政策需求与管治模式研究。项目将在基础科学层次研究气候变化与保护评估的基础模型，以及气候变化与保护的基本经济理论、伦理学原则、经济地理学问题，在技术层面完成气候变化应对的管治问题，以及气候变化与保护的集成评估平台研究与开发，试图解决从基础科学到技术开发的一系列气候变化经济学的科学问题。

    由于是正在研究的前沿性课题，所以，本丛书将连续发布，并且注重基础科学问题与中国实际问题的结合，作为本丛书主编，我希望本丛书对气候变化经济学的基础理论和研究方法有一定的贡献，而不是一些研究报告汇编。我也盼望本丛书在政策模拟的方法论研究、人地关系协调的理论研究方面有所贡献。

　　我有信心完成这一任务的基础是，我们的项目组既有一流的、有责任心的科学家，还有大量勤奋的、有聪明才智的博士后和研究生。

王铮

气候变化经济过程的复杂性机制、

新型集成评估模型簇

与政策模拟平台研发首席科学家

2014 年 9 月 18 日

前　言

　　全球气候变化已成为国际上广泛关注的问题，也是学术界研究的热点领域。政府间气候变化专门委员会（IPCC）评估报告进一步从科学上确认了人类活动引起全球气候变暖的事实。国际社会各种多边或双边活动日益频繁，并把气候变化作为重要议题，如达沃斯论坛、八国集团峰会、中国与其他国家领导人的双边会谈等。碳排放问题是全球气候变化的中心议题，碳排放权的公正合理分配成为国际气候变化谈判的焦点。研究中国碳排放问题既是中国政府应对全球气候变暖降低碳排放的战略需要，也是解决国内能源资源结构性短缺、转变经济增长方式的内在迫切需要。

　　当前中国经济正处于城镇化、工业化推进发展阶段，经济社会发展具有典型的"二元经济"特征，这就需要，在未来一段时期内中国经济保持一定的增长速度，因而，能源需求和二氧化碳排放量也就不可避免地继续增长。另外，为了应对全球气候变化带来的威胁和挑战，中国政府在 2009 年主动做出国际承诺：到 2020 年，中国单位 GDP 碳排放强度比 2005 年降低 40%—45%。中美是目前世界上最大的碳排放国，为了推动 2015 年气候变化新协议的达成，双方领导人于 2014 年 11 月发表《中美气候变化联合声明》（以下简称《声明》）[①]，《声明》提出："美国计划于 2025 年实现在 2005 年基础上减排 26%—28% 的全经济范围减排目标，并将努力减排28%。中国计划 2030 年左右二氧化碳排放达到峰值且将努力早日达峰，并计划到 2030 年非化石能源占一次能源消费比重提高到 20%

---

① 《中美气候变化联合声明》，《中国日报》2014 年 11 月 12 日。

左右。"因此，研究碳排放问题具有很强的必要性和现实指导意义。

为了保护全球生态环境、保护气候资源，各国不断努力减缓气候变化，推出了一系列政策法规，施行低碳发展。从各个国家而言，这些努力都取得了一些成果；但从全球而言，至今都没能达到《京都议定书》规定的目标："将大气中的温室气体含量稳定在一个适当的水平，以保证生态系统的平稳适应、食物的安全生产和经济的可持续发展。"政策评估在发达经济体是政策制定过程中的一项重要内容，因而本书对世界主要排放大国气候变化政策的比较分析以及中国气候变化政策的梳理，对于完善中国气候变化政策具有积极的启示和借鉴意义。本书的内容框架如下：

第一章简单介绍气候变化和碳排放问题的关系、气候变化的挑战，以及《IPCC 评估报告》和《斯特恩报告》。

第二章分析中国和世界能源消费、碳排放现状，给出了基于能源平衡表估算各部门、各地区碳排放量的方法和各种参数，以及适用于多种评价对象的迪氏指数分解模型，并利用指数分解模型对中国多种碳排放指标进行实证分析。

第三章利用终端能源消费数据，分析中国主要高排放行业——工业和交通运输业的碳排放特点，以及中国省（市、区）级碳排放特点：基于终端碳排放强度的指数分解结果。

第四章指出情景分析在研究碳排放问题复杂性中的作用，以及情景分析的含义和方法，介绍国际上几种主要的社会经济情景方法和 IPCC 开发排放情景历程，最后给出了基于 SRES 情景的中国及 31个省（市、区）的人口、GDP 的四种情景预测结果。

第五章介绍气候变化影响综合评估方法、几种主要综合评估模型（IAM）特点及中国开发 IAM 模型的概况和最新研究进展。

第六章分析美国、欧盟和日本最近颁布的气候变化政策的特点。

第七章从国家层面梳理了中国气候变化政策体系，分析政策实施过程的约束，对比分析碳税政策和碳排放权交易的特点，总结几点启示和借鉴意义。

第八章介绍气候变化政策影响评估的含义及政策评估分析，包

括利用 CGE 模型模拟不同碳税税率下的影响、基于系统动力学模型
开发了三种中国碳排放情景，最后探讨中国碳排放峰值问题。

　　第九章指出有待深入探讨的问题，包括社会经济新情景 SSPs、
IAM 模型开发中的几个理论问题，以及新气候经济问题，即碳减排
和经济增长共存问题。

　　本书是笔者对十几年来气候变化经济学研究领域的综合思考和
最新成果，是研究中国碳排放问题和气候变化政策分析的专著。本
书有以下四个方面的特点：

　　（1）对当前研究气候变化问题应用较广的模型方法进行综合评
估和实际应用，如指数分解方法，突出了模型在政策评估中的重
要性。

　　（2）比较全面地总结了国际上主要社会经济情景方法，估算了
中国及 31 个省（市、区）的人口、GDP 在 SRES 四种情景下
2010—2100 年预估值。

　　（3）系统地梳理了几个主要经济体最新气候变化政策的特征。

　　（4）给出了最新中国分部门分品种终端碳排放、分地区分品种
能源消费和碳排放估算结果。

目　录

第一章　全球气候变化研究综述

在全球对气候异常问题日益关注、温室气体减排呼声与压力逐渐高涨的背景下，"低碳"已成为全世界范围内的热门词汇。联合国政府间气候变化专门委员会（IPCC）评估报告进一步从科学上确认了人类活动引起全球气候变暖的事实，国际社会各种多边或双边活动日益频繁，并把气候变化作为重要议题，如达沃斯论坛、八国集团峰会、中国与其他国家领导人的双边会谈等。

第一节　气候变化与碳排放

已有的科学研究表明，全球气候变暖与人类活动造成的温室气体浓度升高有很大的相关性（IPCC，2007a）。气候变化已经给地球生态系统和人类社会带来了影响，虽然关于气候变化的幅度、影响强度以及区域分布等问题的认识还有很大的不确定性，但其未来的影响程度和后果则与人类社会如何应对气候变化所做的努力是密切联系的。防止气候变化的关键在于控制温室气体（Greenhouse Gas，GHG）[《IPCC 报告》中规定控制的 6 种温室气体为二氧化碳（CO_2）、甲烷（CH_4）、氧化亚氮（N_2O）、氢氟碳化合物（HFCs）、全氟碳化合物（PFCs）和六氟化硫（SF_6）]排放量（IPCC，1992），特别是二氧化碳排放量。二氧化碳是最重要的人为温室气体，其中，能源系统排放的二氧化碳又占全部人为排放二氧化碳的 70%，主要是化石燃料生产和使用造成的。IPCC 推出了一系列关于气候变化问题的评估报告，对气候变化科学知识的现状，气候变化对社会、经济的潜在影响以及如何适应和减缓气候变化的可能对策进行评估。这些评估报告使国际社会日益意识到全球气候变化对人类当代及未来生存环境的威胁和挑战，意识到采取共同应对措施的重要性和紧迫性。

　　根据 IPCC 最新发布的第五次评估报告（AR5）[①]（IPCC，2013，2014a，2014b），全球气候系统变暖的事实是毋庸置疑的。图 1 – 1 显示，自 1950 年以来，气候系统观测到的许多变化是过去几十年甚至近千年以来史无前例的。全球几乎所有地区都经历了升温过程，气候变暖体现在地球表面气温和海洋温度的上升、海平面的上升、格陵兰和南极冰盖消融和冰川退缩、极端气候事件频率的增加等方面。全球地表持续升温，1880—2012 年全球平均温度已升高0.85℃。过去 30 年时间，每 10 年地表温度的增暖幅度高于 1850 年以来的任何时期。在北半球，1983—2012 年可能是最近 1400 年来气温最高的 30 年。特别是 1971—2010 年海洋变暖所吸收热量占地球气候系统热能储量的 90% 以上，海洋上层（0—700 米）已经变暖。与此同时，1979—2012 年北极海冰面积每十年以 3.5% —4.1% 的速度减少；自 20 世纪 80 年代初以来，大多数地区多年冻土层的温度已经升高。全球气候变化是由自然影响因素和人为影响因素共同作用形成的，但对于 1950 年以来观测到的变化，人为因素极有可能是显著和主要影响因素。目前，大气中温室气体浓度持续显著上升，二氧化碳、甲烷和氧化亚氮等温室气体的浓度已上升到过去 80 万年来的最高水平，人类使用化石燃料和土地利用变化是温室气体浓度上升的主要原因。在人为影响因素中，向大气排放二氧化碳的长期积累是主要因素，但非二氧化碳温室气体的贡献也十分显著。控制全球升温的目标与控制温室气体排放的目标有关，但由此推断的长期排放目标和排放空间数值在科学上存在着很大的不确定性。

---

　　① 根据《联合国政府间气候变化专门委员会（IPCC）第五次评估报告》，www. ipcc. ch/pdf/assessment – report/ar5/。

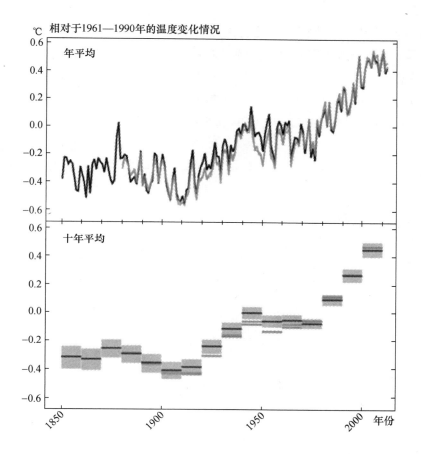

图 1 - 1　1850—2012 年全球综合陆地和海洋表面平均气温变化

资料来源：IPCC，2013：Summary for Policymakers. In：*Climate Change* 2013：*The Physi-cal Science Basis*（WGI，AR5）。

　　全球大气二氧化碳浓度已从工业化前的约 280ppm（ppm 为百万分之一），增加到了 2005 年的 379ppm。2013 年甚至首次突破400ppm（世界气象组织，2014）。当前大气二氧化碳浓度值已经远远超出了根据冰芯记录得到的 65 万年以来浓度的自然变化范围（180—330ppm）（见图 1 - 2）。工业化时期以来，大气二氧化碳浓度的增加，主要源于化石燃料的燃烧；其次是土地利用变化，但相对要小一些。化石燃料燃烧所导致的二氧化碳年排放量，从 20 世纪90 年代的平均每年 64 亿吨碳（即 235 亿吨二氧化碳），增加到

2005—2010 年的每年 68 亿吨碳（即 249 亿吨二氧化碳），如图 1 – 3 所示。与土地利用变化相关的二氧化碳排放量，在 20 世纪 90 年代估算值为每年 16 亿吨碳（即 59 亿吨二氧化碳），尽管这些估算值具有很大的不确定性。因此，限制能源系统化石燃料燃烧产生的二氧化碳排放成为限制全球 GHG 排放的首要目标。

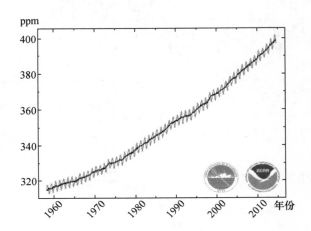

**图 1 – 2　1960—2010 年美国夏威夷 NOAA 观察站
监察大气二氧化碳浓度**

资料来源：同图 1 – 1。

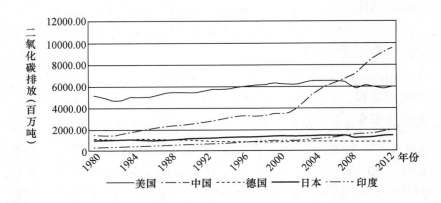

图 1 – 3　1980—2013 年主要排放大国的碳排放量

资料来源：BP Statistical Review of World Energy June 2014。

第二节　气候变化的挑战

全球变暖已被认为是不争的科学事实，而人类活动导致的大气二氧化碳等温室气体浓度的不断升高，被认为是近50年全球气候系统变暖的主要原因。为了尽量避免因二氧化碳等温室气体增加引起的全球变暖可能对人类健康、食物、水资源安全及社会稳定与经济发展等产生的一系列负面影响，世界各国正通过共同的努力来减少温室气体的排放以减缓全球变暖的进程。

目前，国际上虽然已经形成了以《联合国气候变化框架公约》为主体、以区域和国家减缓行动为支撑的国际气候变化减缓行动框架，但是，由于各国为了在国际事务中谋取最大的利益，各利益集团或缔约国之间就具体的减排方案等关系国家未来发展的问题进行着博弈。

一　已经观察到的影响

IPCC第四次评估报告明确指出（IPCC，2007b），自1850年以来最暖的12个年份中有11个出现在1995—2006年（1996年除外）。多模式多排放情景的研究预估，到21世纪末，人类活动造成的温室气体排放增加将使地表平均气温比1990年增加1.1—6.4°C，平均海平面增高18—59厘米。尽管预测的结果中还有一定的不确定性，但气候变化对人类的影响已成为公认的事实。全球气候变化的后果是冰川融化、海平面上升、生态系统退化、自然灾害频发，将深度触及农业和粮食安全、水资源安全、能源安全、生态安全和公共卫生安全，直接威胁人类的生存和发展。如果不加控制地继续发展下去，就可能导致气候变暖超过地球生态环境适应性调节范围的危险性，目前，厄尔尼诺等极端气候的出现已经证明了这种危险的存在。

国际科学界认为，目前所观测到的全球变暖现象，90%以上的可能性是来自温室气体排放的贡献。而能源系统排放的二氧化碳占全部人为排放二氧化碳的70%，并且主要是由化石燃料（如煤炭、石油、天然气）生产和使用造成的。非能源系统排放的二氧化碳主要为土地利用引起，非二氧化碳主要是由农业生产和废弃物产生的（Stern，2006）。

中国气候变暖趋势与全球的总趋势基本一致。何文园等根据历年的中国平均气温记录数据（何文园等，2010），测得中国百余年来（1901—2006年）平均气温升高了0.7314℃。中国的年均温度百余年来一直呈振动上升趋势（见图1-4），这主要源于此期间我国的二氧化碳排放量持续增长，而这又与我国经济持续快速增长对能源需求的急速扩张以及以煤炭为主的能源消费结构相联系，再加上粗放式的"高碳产业结构"，更进一步促进了二氧化碳等温室气体的排放。中国学者在中国近三千年来的气候变化对社会经济的影响方面基本上达成共识（丁敏，2005）。

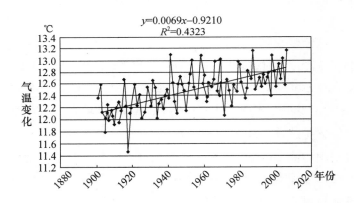

图1-4　1901—2006年中国年均气温变化

资料来源：何文园等（2010）。

二　气候变化对自然和人类环境的影响

气候变化对自然和人类环境的影响主要包括北半球高纬地区的早春农作物播种、森林火灾和虫害对森林的影响；对人类健康的影响，如欧洲与热浪造成的死亡率变化、某些地区的传染病传播媒介分布变化；北极地区的狩猎和旅行，低海拔高山地区的山地运动等。

由于存在着一些科学上的限制和认识上的不足，目前还无法完全把观测到的变化归因于人为增暖。比如，现有的分析还存在着数量上的不足；区域尺度的变化还不能确定是不是由人类活动所导致的。另外，区域尺度的其他因素（如土地利用变化、污染和入侵物种）也发挥着作用。尽管如此，仍然可以得出可信度高的结论：过去三十年的人为增暖，已经对许多自然和生物系统产生了可辨别的影响。第四次评估报告将气候变化对不同部门和不同地区的影响分别进行了归纳和评估（IPCC，2007c）。其主要内容如下：

（一）水资源

气候变化对水资源的影响因区域而异。在 21 世纪中期之前，在高纬度和部分热带湿润地区，年平均河流径流量和可用水量预计会增加 10%—40%；而在一些中纬度和热带干燥地区，则可能减少 10%—30%。由于气候变化会使冰川和积雪的储水量减少，从而将影响当今世界上 1/6 以上的人口的可用水量。同时，受干旱影响的地区增加，强降水事件增多，洪涝风险增大。

（二）生态系统

气候变化和其他因素的综合作用可能会对生态系统造成不可恢复的影响。如全球平均温度增幅超过 1.5℃—2.5℃，有 20%—30%的物种可能会灭绝；加上二氧化碳浓度增加的作用，生态系统将发生重大变化，对生物多样性、水和粮食供应等多方面产生不利影响。最新的研究表明，二氧化碳浓度增加引起的海水酸化，可能会对一些海洋生物产生不利影响。

（三）粮食、纤维和林产品

如温度增加 1℃—3℃，多数地区农作物产量会下降；而在一些热带地区，小幅度增温也可能导致产量下降，发生饥荒风险增大。气候变暖还将加重农业和林业的病虫害，加上干旱和洪涝频率增加的影响，会使农业生产风险增大。部分地区经济林产量会因温度升高而增加，但森林火险和病虫害等风险也会相应增加。

（四）沿海及低洼地区

气候变化和海平面上升使得沿海地区遭受洪涝、风暴以及其他自然灾害的频率加大。人口密集和经济不发达的地区面临的风险更大，如亚洲和非洲的大型三角洲和一些小岛屿。珊瑚礁和红树林等沿海生态系统将受到气候变化和海平面上升所带来的负面影响。

（五）工业、人居环境和社会

在一些温带和极地地区，气候变化对工业、人居环境和社会的影响是正面的，而对其他大部分地区则是负面的，并且气候变化越剧烈，负面影响也越强烈。海岸带和江河洪涝平原地区、经济发展对气候资源依赖性强的地区，以及极端天气事件易发地区将变得更加脆弱，而且采取适应措施所需的经济和社会成本也更高。气候变化的影响还会通过社会和经济领域的复杂联系，间接地影响到其他地区和部门。

（六）健康

总体而言，气候变暖对人类健康的影响以不利为主，数以百万计人口的健康状况可能会受到影响。但是，这种影响存在区域差异，随温度持续升高的时间而不同，还取决于教育、卫生保健、公共卫生防御以及经济发展水平等相关因素。部分温带地区的气候变暖会带来一些好处，如寒冷所造成的死亡率下降。发展中国家面临的风险更大。

（七）未来异常极端气候加剧，引发饥荒

美国一项最新研究显示，到2050年，因为人口增长，全球预计需要增加一半的食物供应。但是，由于气候暖化和臭氧污染，未来食品面临供不应求的局面，届时发展中国家，营养不良人数将会从现在的18%增长到2050年的27%。此外，另有研究警告，气候暖化也会造成干旱、风暴、洪水和炎热等极端天气，以及造成全球冷暖温差加剧，每年最冷气温更低，最热气温更高。地面臭氧主要来自汽车、工业和发电厂燃料燃烧后发放的废气，随着气温升高，臭氧也会增加，所以全球气候变暖将提高臭氧污染的可能性。

这项研究是首次将气候暖化和臭氧污染结合起来，研究对农作物的影响。研究着重分析气候暖化和臭氧污染如何影响水稻、小麦、玉米和大豆四种主要粮食作物的全球产量，这四种农作物目前占全世界人类消耗热量的一半以上。

臭氧能减缓光合作用和杀死细胞，损害植物。美国农业部门认为，地面臭氧对植物的危害，超过所有其他空气污染的总和。研究表明，和2000年的水平相比，气候变化可能导致2050年农作物产量减少10%。在较高臭氧污染情况下，到2050年，农作物产量将减少15%，但在"中等"臭氧污染情况下，作物产量将下降9%。

三 气候变化问题的复杂性

气候变化对环境、生态和社会经济系统的影响是深远的。一方面，气候变暖将可能会对我们的生存环境产生重大影响，从而可能使对气候变化敏感的国民经济部门及地区遭受灾难性的后果；另一方面，如果过早地承担约束性温室气体减排义务，其直接后果将可能制约我国目前能源工业和高耗能制造业的发展，削弱我国产品在国际市场上甚至国内市场上的竞争力，从而使我国整体国民经济和社会发展受到严重制约。IPCC报告指出，未来气候变化对人类社会各个经济领域的主要影响是负面的。目前，我国正处于工业化的加速推进阶段，随着工业化进程的加速前进，能源需求和温室气体排放必然呈现增长趋势。因而，为了进一步应对气候变化，对气候变化影响进行客观、准确的评估是很有必要的。但是，由于对气候变化及其影响的认识还存在很多不确定性，因此，在研究气候变化影响的适应性特别是对气候变化的影响敏感和脆弱地区开展以减少脆弱性、增强适应能力的对策评估时采用情景分析方法是可行的。正是由于气候变化问题的复杂性与重要性，所以，国际上形成一门新型的交叉学科——气候变化经济学。大气环境是一种公共资源又是一种稀缺资源，为了应对全球气候变化的挑战，全球必须进行共同合作。

第三节　气候变化评估报告概述

国际上许多机构从不同侧面发布了许多气候变化的评估报告，其中最有影响的、最有权威的评估有《IPCC 评估报告》和《斯特恩（Stern）报告》。

一　《IPCC 评估报告》

迄今为止，IPCC 已经公布了五期评估报告，包括 1990/1992 年的第一次评估报告（FAR）、1995 年的第二次评估报告（SAR）、2001 年的第三次评估报告（TAR）、2007 年的第四次评估报告（AR4）和 2014 年的第五次评估报告（AR5）。每期报告都包括综合报告、科学基础（Working Group I）、影响、适应性和脆弱性（Working Group II）、减缓（Working Group III）等内容。其他报告有特别报告、方法报告和技术报告，如气候变化的区域影响（1997）、技术转让方法和技术问题（2000）、排放情景（IPCC，2000a）、土地利用、土地利用变化和林业（IPCC，2000b）等。这些报告的内容都可以在 IPCC 的官方网站下载（http：//www. ipcc. ch/）。

二　《斯特恩报告》

2006 年，前世界银行首席经济师、英国经济学家尼古拉斯·斯特恩主持完成并发布的《斯特恩回顾：气候变化经济学》，这份长达 700 页的报告从经济学角度论述了全球应对气候变化的紧迫性，强调只有尽快大幅度减少温室气体排放，才能避免全球升温超过 2℃可能造成的巨大经济损失。报告认为，不断加剧的温室效应将会严重影响全球经济发展，其严重程度不亚于世界大战和经济大萧条。如果全球以每年 1% 的 GDP 投入，可以避免将来每年 5%—20% 的 GDP 损失。2008 年又发表一份新报告——《气候变化全球协定的关键要素》，报告包括八个部分，分别从减排目标、发展中国家的参与、国际碳市场、减少毁林的资金问题、技术、适应等方面提出了一套完整的 2012 年后国际气候制度设计方案（Stern，

2006；2008）。"报告的目的在于影响气候谈判，为促进2009年年底在哥本哈根会议达成2012年后的国际气候协定提供可供谈判的蓝本"——《对斯特恩新报告的要点评述和解读》。①

中国政府于2006年发布了第一部《国家气候变化评估报告》。该报告分为气候变化的历史和未来趋势、气候变化的影响和适应与减缓气候变化的社会经济评价三个部分。报告系统地总结了我国在气候变化方面的科学研究成果，综合分析、评价了气候变化及相关国际公约对我国生态、环境、经济和社会发展可能带来的影响，提出了我国应对全球气候变化的立场和原则主张以及相关政策。第一次评估报告的发布，既向国际社会表明中国政府高度重视全球气候变化问题，也为我国参与全球气候变化的国际事务提供科技支撑和科学决策依据。

---

① 陈迎、潘家华：《对斯特恩新报告的要点评述和解读》，《气候变化研究进展》2008年第5期。

第二章　碳排放驱动因子分析

第一节　能源和碳排放现状

一　全球能源和碳排放现状

根据第四次气候变化评估报告，1970—2004 年，全球温室气体排放量增长了 70%，从 287 亿吨增长到 490 亿吨二氧化碳当量，年均增长 1.6%。不同温室气体的增幅不同，二氧化碳占整个温室气体的 77%，其排放量在过去 30 年中的增幅为 80%。从行业看，能源部门是温室气体排放量最大的部门，同时也是增幅最大的部门，在 1970—2004 年增幅为 145%。交通部门的直接排放量增幅为 120%，工业制造业部门为 65%，土地和森林变化导致的排放量增幅为 40%。根据国际能源署（IEA）最新公布的 2013 年全球二氧化碳排放情况（按部门占比）（见图 2 - 1），在直接碳排放部门，电力和热力工业仍然是全球最大的碳排放行业，2013 年占全球碳排放总量的 42%；其次是交通运输业和工业，分别占 23% 和 19%；而在间接碳排放部门，工业和居民生活碳排放位居前列，分别占 18% 和 11%。

从国家和地区看，温室气体排放总量同经济发展水平和人口规模密切相关。2010 年全球二氧化碳排放达到 303 亿吨，其中，中国和美国占 41.7%（见图 2 - 2）。欧美等经济发达国家以及中国、印度等人口大国排放的温室气体占全球排放总量的 70% 以上。如 2010 年，美国和加拿大排放的温室气体占全球总量的 19.5%、欧洲占 9.8%、以

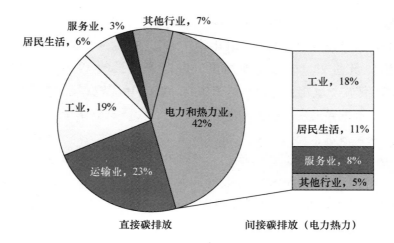

图 2 – 1　2013 年全球二氧化碳排放情况（按部门占比）

资料来源：IEA，World CO$_2$ Emissions From Fuel Combustion（2014 edition）。

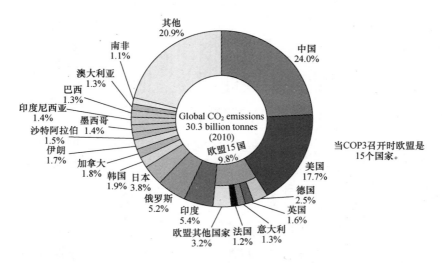

图 2 – 2　2010 年全球主要国家二氧化碳排放所占比例

资料来源：IEA"CO$_2$ Emissions From Fuel Combustion"，2012Edition。

中国为主的东亚地区（不含日本）占 25.9%、以印度为主的南亚地区占 5.4%。据最新的世界能源统计数据显示（BP，2013），2013年中国一次能源消费量达到 28.52 亿吨油当量，比 2012 年增加了4.7%，占世界一次能源消费量（127.3 亿吨油当量）的 22.4%。

中国 2013 年碳排放 95.24 亿吨二氧化碳，比 2012 年增加 4.2%，占全球碳排放（351 亿吨二氧化碳）的 27.1%。同期，美国一次能源消费量达 22.66 亿吨油当量，占世界总量的 17.8%，碳排放 59.31 亿吨二氧化碳，占全球碳排放总量的 16.9%。

　　分析世界上主要国家的碳排放水平与经济发展水平的关系后发现，碳排放水平与人均收入符合环境倒 U 形曲线。图 2－3 给出了 1990 年、2000 年和 2008 年三个不同时点世界主要国家经济发展水平（用人均 GDP 表示）与人均碳排放水平的关系，以及 1830—2007 年英国经济发展水平（用人均 GDP 表示）和碳排放水平的演变态势（见图 2－4）。

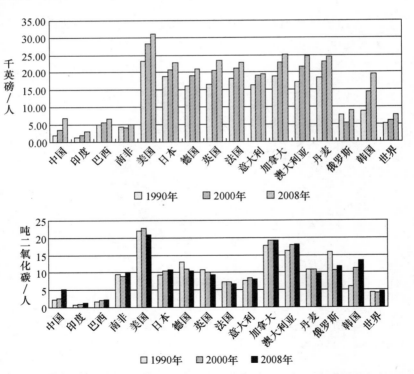

图 2－3　1990 年、2000 年和 2008 年世界主要国家人均 GDP 与人均碳排放水平关系

　　资料来源：碳排放数据来自 BP 公司"BP Statistical Review of World Energy June 2010"；GDP 数据来自世界著名经济学家安格斯·麦迪森（Angus Maddison）的千年数据库。

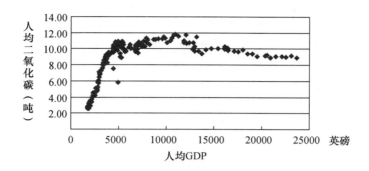

图 2 - 4   1830—2007 年英国人均 GDP 与人均碳排放水平
的演变（英镑按照 1990 年不变价格计算）

资料来源：同图 2 - 3。

分析上述图 2 - 3 和图 2 - 4 两图不难发现，各国人均碳排放水平与经济发展水平密切相关，随着经济水平的提高，碳排放水平也随着增加。但是，当经济发展达到一定水平，如英国在 20 世纪 80 年代初经济发展水平达到人均 13000 英镑（按照 1990 年不变价格）时，人均碳排放水平基本稳定在 10 吨二氧化碳左右，并且呈现出逐渐减缓的趋势。结合已有的一些实证分析结论，西方发达国家的碳排放水平与人均收入符合著名的环境库兹涅茨曲线，即环境质量同经济增长存在着呈倒 U 形曲线关系，在经济发展的初期阶段，随着人均收入的增加，环境污染曲线由低趋高；但是，当污染曲线上升到某个临界点后，随着人均收入的进一步增加，环境污染曲线又由高趋低，表明环境质量得到改善和恢复。

从各国碳排放强度分析可以发现，各个国家的单位 GDP 碳排放强度存在很大的差距，尤其中国与西方发达经济体之间，这也间接地说明了中国能效是比较低的，中国能源结构的"低碳化"还需要提高，亦即还有很大的能效潜力空间。根据图 2 - 5 的数据（US EIA），按照 2005 年美元不变价格计算，2011 年中国碳排放强度为每千美元产出需排放 2.08 吨二氧化碳，相当于世界平均值（0.62 吨二氧化碳/千美元）的 3.35 倍，相当于美国当年的 5.03 倍。尽管如此，与 1995 年相比，中国的碳排放强度仍然下降了 28%。

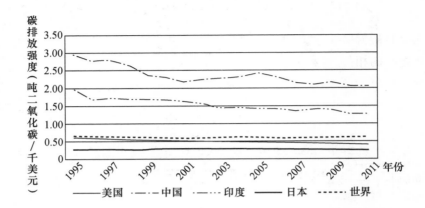

图 2 - 5　1995—2011 年主要经济体和世界平均碳排放强度变化

资料来源：EIA，2012 年。

二　中国能源和碳排放现状

中国经济总量（GDP）于 2010 年成为世界第二大经济体，仅次于美国。1980—2012 年[①]，中国经济年均增长率为 9.96%，其中，工业年均增长 11.40%，属于同时期经济增长最快的经济体。尽管最近几年来中国经济进入结构调整期，从纵向看，增速明显下降，但是，从横向对比看，仍属于保持较高增长速度的发展中国家，中国的城镇化、工业化还处于快速发展阶段。这种经济发展背景决定了中国的能源需求和二氧化碳排放量不可避免地持续增长。

中国经济发展与能源消费和碳排放水平的关系见图 2 - 6。1980—2012 年，随着经济的发展，能源消费与碳排放水平相应地增加，能源的消费弹性系数和碳排放系数分别为 0.55、0.52，也就是说，经济每增长 1%，需要消费能源 0.55%，二氧化碳排放增长 0.52%。但 2002 年以后，随着经济以年均 12.7% 的速度快速增长，

---

① 《中国统计年鉴》（2013）。

能源消费、碳排放增长也更加快速，2012 年能源消费、碳排放分别比 2002 年增加了 127%、148%。这种发展导致的直接后果是能源资源对经济制约的"瓶颈"效应更加明显。根据已有学者的研究结论（杜婷婷等，2007），中国数十年来经济发展与二氧化碳排放变化之间的相依关系不符合标准的倒 U 形环境库兹涅茨二次曲线方程，而更类似于 N 形三次曲线方程，这就意味着中国在推进经济发展和环境保护事业上仍处于过渡期。

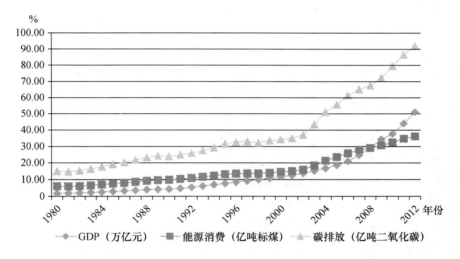

图 2 - 6　1980—2012 年中国经济增长与能源消费和碳排放水平的关系

注：GDP 按照 2005 年不变价格计算。

资料来源：《中国统计年鉴》（2013）。

　　为了既能满足快速增长的产业对能源的需求，同时也是不断满足居民生活水平提高的需要，中国成为全球最大的能源生产国和最大的能源消费国。1980—2012 年间，一次能源的生产、消费的年均增长率 1980 年也分别达到 5.29%、5.76%（见图 2 - 7）；从 1992 年开始，中国的能源消费总量超过了生产总量，到 2012 年中国需进口能源约 3 亿吨标煤（tce），相当于沙特阿拉伯 2012 年全年的能源消费量。

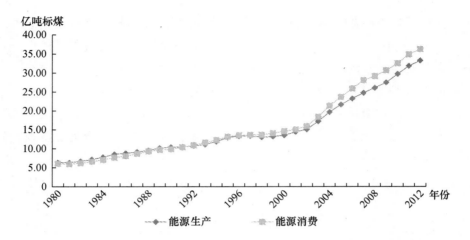

亿吨标煤

图 2 - 7　1980—2012 年中国一次能源生产总量、消费总量

资料来源:《中国统计年鉴》(2013)。

　　从能源消费强度（即能源效率的倒数）分析（见图 2 - 8），即单位 GDP 所需的能源消耗，除 2004—2005 年略有波动外，从 1980年以来，中国的能源强度一直处于下降态势（GDP 按照 2005 年不变价格计算），从 1980 年的 3.39 吨标煤/万元 GDP 下降到 2012 年0.71 吨标煤/万元 GDP，年均下降率 4.78%。但与欧美等发达经济体比较，目前中国的能源效率仍处于低水平，还有很大的潜力可以提高。与世界各国相比，中国二氧化碳排放强度明显偏高，如果仅仅以能源消费中化石燃料的使用而产生的二氧化碳排放量来估计"碳排放强度"，按照 2005 年不变价格，"碳排放强度"由 1980 年的 8.43 吨二氧化碳/万元 GDP 下降到 2012 年的 1.81 吨二氧化碳/万元 GDP，即 32 年间，万元 GDP 碳排放强度降低了 79%，年均下降率达到 4.7%。因而，随着国家相关政策的完善与落实以及能源技术的进步，未来中国碳排放强度的减少趋势是可以期待的，但是，由于经济发展阶段的特点、能源生产与消费的结构特征决定了中国经济社会发展过程在短时期内不可能达到"低碳排放"。1980—2012 年，中国经济增长与能源消费和碳排放关系的具体情况如表 2 - 1 所示。

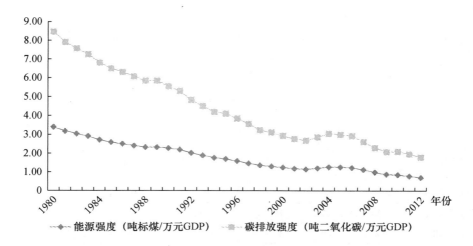

图 2 - 8 1980—2012 年能源消费强度和碳排放强度的
变化（GDP 按 2005 年不变价格计）

资料来源：同图 2 - 6。

表 2 - 1 1980—2012 年中国经济增长与能源消费和碳排放关系

年份	GDP （亿元）	能源消费 （亿吨标煤）	碳排放（亿 吨二氧化碳）	人均碳排放 （吨二氧化碳）	能源强度 （吨标煤/ 万元 GDP）	碳排放强度 （吨二氧化碳/ 万元 GDP）
1980	17806	6.03	15.00	1.52	3.39	8.43
1985	29633	7.67	19.19	1.81	2.59	6.48
1990	43273	9.87	23.96	2.10	2.28	5.54
1995	77162	13.12	31.57	2.61	1.70	4.09
1996	84878	13.52	32.61	2.66	1.59	3.84
1997	92771	13.59	33.01	2.67	1.46	3.56
1998	100008	13.62	32.30	2.59	1.36	3.23
1999	107608	14.06	33.53	2.67	1.31	3.12
2000	116680	14.55	34.30	2.71	1.25	2.94
2001	126371	15.04	35.03	2.74	1.19	2.77
2002	137851	15.94	37.06	2.89	1.16	2.69
2003	151667	18.38	43.44	3.36	1.21	2.86
2004	166950	21.35	51.02	3.92	1.28	3.06

年份	GDP（亿元）	能源消费（亿吨标煤）	碳排放（亿吨二氧化碳）	人均碳排放（吨二氧化碳）	能源强度（吨标煤/万元 GDP）	碳排放强度（吨二氧化碳/万元 GDP）
2005	185896	23.60	55.74	4.26	1.27	3.00
2006	209478	25.87	61.49	4.68	1.23	2.94
2007	247030	28.05	65.12	4.93	1.14	2.64
2008	291384	29.14	67.49	5.08	1.00	2.32
2009	343051	30.66	72.05	5.40	0.89	2.10
2010	377138	32.49	79.45	5.93	0.86	2.11
2011	439605	34.80	86.60	6.43	0.79	1.97
2012	509518	36.17	92.08	6.80	0.71	1.81
年均变化率(%)	11.05	5.76	5.83	4.79	-4.76	-4.70

注：GDP 按照 2005 年不变价格计算。

资料来源：《中国统计年鉴》(2013)。

三 中国五大行业终端能源消费及碳排放现状

（一）能源数据选择及碳排放量估算

从一次能源到终端能源，中间包括能源系统的转换、传输和各种损耗，即能源消费总量包括终端能源消费量、能源加工转化损失量和损失量三部分。对于行业来说，利用终端能源消费及碳排放更能反映行业的能源效率和碳排放强度。因而，本节讨论五大行业碳排放现状的能源活动数据采用的是能源平衡表中的终端能源消费量，但是，除去其中用于原料、材料的非能源使用（No - Energy Use）部分，因为这部分能源没有直接用于燃料燃烧而排放出二氧化碳，其消费量应被扣除。这种基于能源平衡表修正后的能源终端消费量，可以在一定程度上避免在能源加工转换中的二次能源消费遗漏及重复计算。

根据有关年份《中国能源统计年鉴》中的能源平衡表中的分类及相关说明，本书计算了煤炭（原煤、洗精煤、其他洗煤、型煤）、焦炭、焦炉煤气、高炉煤气、转炉煤气、其他煤气、原油、汽油、煤油、柴油、燃料油、液化石油气（LPG）、炼厂干气、天然气、液化天然气（LNG）、热力、电力等能源种类。石脑油、润滑油、石蜡、溶剂油、石油沥青、石油焦等主要用途并非用于燃烧，不计入能源消费量中。"其他石油制品"主要是指非燃料用途的石油制品，"其他焦化产品"主要是指初苯等焦化产品，这两项由于并非主要用于燃料，因此也不计入能源消费量中。

根据 IPCC 提供的温室气体排放清单估算参考方法，得到以下二氧化碳排放的估算公式：

$$C = \sum_i C_i = \sum_i EQ_i \times TEF_i \times CEF_i \qquad (2-1)$$

其中，C 表示估算的碳排放量，i 表示能源种类（$i = 1, 2, \cdots,$ 18），不包含电力、热力，这两种二次能源没有直接碳排放量，但在估算间接碳排放量时需要纳入，EQ_i 表示能源 i 消费量（单位：万吨或亿立方米），TEF_i 表示能源 i 的折标煤系数，CEF_i 表示单位能源 i 的碳排放系数。根据《中国能源统计年鉴》中的能源平衡表分类，本书计算了原煤、洗精煤、其他洗煤、型煤、焦炭、焦炉煤气、高炉煤气、转炉煤气、其他煤气、原油、汽油、煤油、柴油、燃料油、液化石油气、炼厂干气、天然气、液化天然气、热力、电力等能源种类。各种能源折标煤系数和碳排放系数如表 2-2 所示。在由碳排放量换算成二氧化碳排放量时，需要乘以系数 44/12。

表 2-2　各种能源折标煤系数和碳排放系数（千克碳/千克标煤）

能源	标煤系数	排放系数	能源	标煤系数	排放系数
原煤	0.7375（千克标煤/千克）	0.7534	原油	1.4286（千克标煤/千克）	0.5851
洗精煤	0.9000（千克标煤/千克）	0.7534	汽油	1.4714（千克标煤/千克）	0.5656
其他洗煤	0.5252（千克标煤/千克）	0.7534	煤油	1.4714（千克标煤/千克）	0.5708

续表

能源	标煤系数	排放系数	能源	标煤系数	排放系数
型煤	0.6072 （千克标煤/千克）	0.7534	柴油	1.4571 （千克标煤/千克）	0.5915
焦炭	0.9714 （千克标煤/千克）	0.8542	燃料油	1.4286 （千克标煤/千克）	0.6179
焦炉煤气	0.5714 （千克标煤/立方米）	0.3544	LPG	1.7143 （千克标煤/千克）	0.5037
高炉煤气	0.1286 （千克标煤/立方米）	2.0758	炼厂干气	1.5714 （千克标煤/千克）	0.4604
转炉煤气	0.2714 （千克标煤/立方米）	1.4528	天然气	1.3300 （千克标煤/立方米）	0.4478
其他煤气	0.1786 （千克标煤/立方米）	1.2943	LNG	1.7572 （千克标煤/千克）	0.4478
电力	0.1229 （千克标煤/千瓦时）		热力	0.0341 （千克标煤/百万千焦）	0.0062

（二）热力、电力的碳排放系数估算

考虑到热力、电力是二次能源，使用过程不直接排放二氧化碳，但在估算间接二氧化碳排放时，还需要估计热力、电力的碳排放系数。本书利用能源平衡表中的"中间投入和转换"火力发电和热力供应的数据，同样，利用式（2-1）[①]，得到能源转换过程中一次能源投入的累计碳排放量，作为热力、电力的碳排放量。其中，热力的排放系数即为热力总排放量与当年热力值的比值，由于研究期内中国能源结构变化不明显，故热力排放系数作为常数（见表2-2）。电力的排放系数为排放量与当年全社会电力消费量的比值，由于研究期内中国水电、核电等"零碳"排放的电力所占比例不断增加，因而，每年的电力碳排放系数都是不一样的，并且趋于减少（见表2-3）。根据计算定义，这里的电力排放系数为中国平均供电碳排

---

① 在转换计算中，公式中不包括电和热。

放系数。①

表 2 - 3　　　　1996—2012 年中国平均供电碳排放系数

年份	排放系数（克二氧化碳/千瓦时）	年份	排放系数（克二氧化碳/千瓦时）	年份	排放系数（克二氧化碳/千瓦时）
1996	1017	2002	876	2008	809
1997	932	2003	904	2009	802
1998	907	2004	882	2010	780
1999	903	2005	867	2011	793
2000	874	2006	864	2012	763
2001	856	2007	826		

（三）中国终端及分部门能耗与碳排放现状

考虑到数据的可利用性，本书仅分析终端以及主要行业与居民生活的终端能源消费与碳排放，包括农业、工业、建筑业、交通运输业、商业服务业。基于《中国能源统计年鉴》（2008—2013）以及最新《中国统计年鉴》，根据式（2-1），得到中国终端及分部门能源消费和碳排放量估计结果如表 2-4 和表 2-5 所示。

表 2 - 4　　　1996—2012 年中国终端及分部门能源消费和碳排放结果

	1996 年				2007 年			
	能耗（百万吨标煤）	比例（%）	二氧化碳（百万吨）	比例（%）	能耗（百万吨标煤）	比例（%）	二氧化碳（百万吨）	比例（%）
终端	933.9	100	1981.5	100	1057.0	100	1999.8	100
农业	24.1	2.6	45.5	2.3	28.3	2.7	50.3	2.5
工业	631.4	67.6	1361.6	68.7	706.2	66.8	1339.3	67.0
建筑业	15.6	1.7	22.9	1.2	20.3	1.9	23.5	1.2
交通运输业	89.8	9.6	193.4	9.8	112.1	10.6	239.3	12.0
商业服务业	57.5	6.2	111.8	5.6	65.3	6.2	116.0	0.0
居民生活	115.5	12.4	245.7	12.4	124.9	11.8	234.8	11.7

---

① 一般供电碳排放系数要高于发电碳排放系数，故本书每年估计数据都大于 IEA 对中国估计的每年发电排放系数：CO$_2$ Emissions from Fuel Combustion（2012 Edition），IEA，Paris（http：//www. iea. org）。

续表

	2010 年				2012 年			
	能耗 （百万吨 标煤）	比例 （%）	二氧化碳 （百万吨）	比例 （%）	能耗 （百万吨 标煤）	比例 （%）	二氧化碳 （百万吨）	比例 （%）
终端	1879.1	100	3482.4	100	2388.3	100	4234.2	100
农业	42.9	2.3	76.6	2.2	48.6	2.0	86.1	2.0
工业	1276.6	67.9	2442.9	70.2	1557.7	65.2	2896.3	68.4
建筑业	34.4	1.8	33.9	1.0	50.1	2.1	42.3	1.0
交通运输业	203.7	10.8	427.1	12.3	293.4	12.3	594.0	14.0
商业服务业	109.2	5.8	171.9	4.9	160.3	6.7	222.7	5.3
居民生活	212.4	11.3	333.0	9.6	278.2	11.6	388.1	9.2

注：分部门比例是指各部门能耗、二氧化碳占终端能源消耗与碳排放的百分比。

表 2 - 5　　　　　1996—2012 年中国终端碳排放量及结构

年份	直接碳排放（百万吨二氧化碳）				间接碳排放（百万吨二氧化碳）			合计（百万 吨二氧化碳）
	煤	油	气	合计	电力	热力	比例（%）	
1996	1571.2	383.1	27.2	1981.5	1016.1	144.5	36.9	3142.1
1997	1558.0	397.6	28.5	1984.1	977.4	148.0	38.0	3019.5
1998	1567.1	419.0	27.7	2013.8	979.9	160.9	38.1	3163.3
1999	1472.6	463.3	30.4	1966.3	1032.9	169.6	40.1	3168.8
2000	1357.2	497.2	33.1	1887.5	1095.6	184.4	42.9	3167.5
2001	1451.4	510.8	38.4	2000.6	1171.9	193.3	43.0	3365.8
2002	1523.2	542.7	41.8	2107.7	1339.3	207.1	44.9	3654.1
2003	1789.6	601.1	50.0	2440.7	1606.2	223.8	45.2	4270.7
2004	2128.9	691.4	58.6	2878.9	1811.9	243.0	43.8	4933.8
2005	2545.0	722.0	67.2	3334.8	2015.1	288.9	43.1	5638.8
2006	2772.1	783.0	88.5	3643.6	2308.7	311.4	44.0	6263.7
2007	3103.4	821.3	108.5	4033.2	2532.5	326.2	43.5	6891.9
2008	3217.1	839.1	127.9	4184.1	2619.9	325.1	43.3	7129.1
2009	3543.3	847.5	133.2	4524.0	2790.9	336.6	42.8	7650.9
2010	3752.3	918.6	161.8	4832.7	3071.5	381.6	43.7	8285.8
2011	4064.2	958.6	205.2	5228.1	3515.4	406.8	44.9	9150.3
2012	4071.0	1025.0	231.6	5327.6	3574.1	437.6	45.1	9339.3

注：比例是指间接碳排放占总排放的百分比。

　　工业终端能耗、碳排放量一直是我国终端总耗能和总排放量的主要部门,2012 年分别占 65.2% 和 68.4%;其次是居民生活和交通运输业,2012 年能耗分别占 11.6% 和 12.3%,碳排放分别占 9.2% 和 14.0%,交通运输业在 1996 年能耗仅占 9.6%,可见,交通运输业能耗增长较快,并且能耗占比低于同期的碳排放占比,说明交通运输业能源消耗中的"高碳"能源比例高于整个终端。相反,居民生活碳排放占比由 1996 年的 12.4% 减少到 2012 年的 9.2%,而能耗仅降低 0.8 个百分点,间接地反映了我国居民生活中清洁能源的比例越来越高,如电力。1996—2012 年,我国终端分部门能耗和碳排放比例如图 2 - 9 和图 2 - 10 所示。

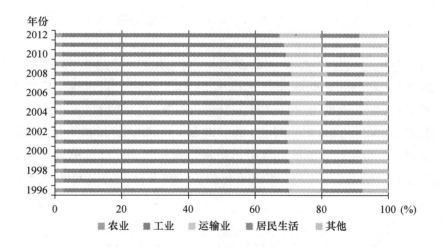

图 2 - 9　1996—2012 年中国终端能耗分部门比例

　　从终端耗能的消费结构分析(见图 2 - 11),总体上说,煤炭消费始终是主体,但比例明显下降,天然气、电力等清洁能源消费比例增长较快。煤炭结构由 1996 年的 60.6% 减少到 2012 年的 48.6%,16 年间大约减少 12 个百分点,天然气比例由 1996 年的 1.8% 增加到 2012 年的 5.7%,电力、热力消费比例由 1996 年的 17.3% 增加到 2012 年 26.2%,约增加了 7.9 个百分点。

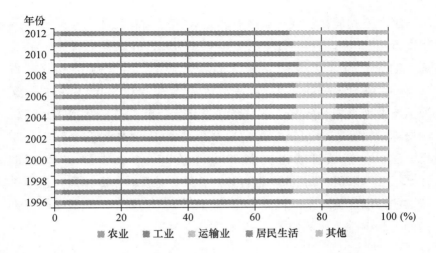

图 2 - 10 1996—2012 年中国终端碳排放分部门比例

对终端碳排放而言（见表 2 - 5），直接碳排放由 1996 年的 19.82 亿吨二氧化碳增加到 2012 年的 53.3 亿吨二氧化碳，年均增长率 6.6%，由电力、热力间接引起的碳排放占终端总碳排放的比例由 1996 年的 36.9% 增加到 2012 年的 45.1%，即低碳能源比例增加明显。但是，在终端能耗引起的直接碳排放中，煤炭消费比例仍然过高（见图 2 - 12），由 1996 年的 79.3% 下降到 2012 年的 75.5%，

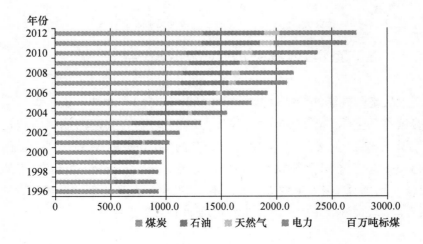

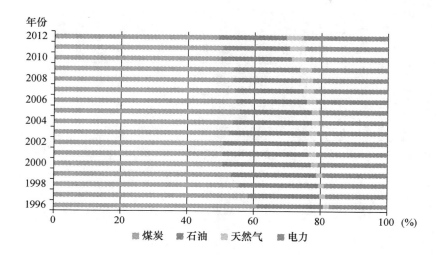

图 2 - 11 1996—2012 年中国终端能耗分品种数值及比例

如果考虑间接碳排放，煤炭比例由 50% 减少到 2012 年的 44.4%，所占比例仍然较高（见图 2 - 13）。

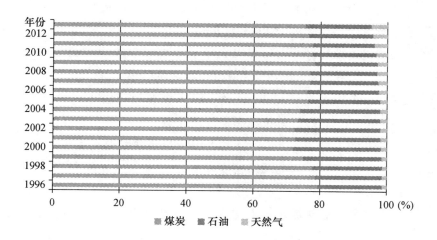

图 2 - 12 1996—2012 年中国终端直接碳排放分品种比例

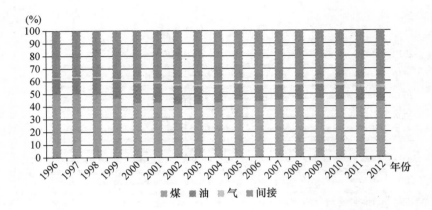

图 2 - 13 1996—2012 年中国终端直接（煤油气）和间接碳排放比例

第二节 碳排放驱动因子分析

一 影响碳排放的主要驱动因素

在气候变化研究中，通常使用影响二氧化碳排放量变化的驱动因子分析，即基于著名的 Kaya 恒等式：

二氧化碳排放量 = 人口 × GDP/人口 × 能源消费量/GDP ×
二氧化碳排放/能源消费量
= 人口 × 人均 GDP × 能源消费强度 ×
单位能源消耗碳排放
= 人口 × 人均 GDP × 能源消费强度 ×
能源碳密度   （2 - 2）

或者

人均二氧化碳排放量 = 人均 GDP × 能源消费强度 × 能源碳密度
（2 - 2'）

可见，能源使用引起的二氧化碳排放量取决于人口、经济发展水平（人均 GDP）、能源强度（单位产值能耗）和能源碳密度（消耗单位能源的碳排放量）四个因素。能源强度可以简单地理解为能源效率的倒数，反映能源使用技术进步。能源碳密度是指经济活动所排放二氧化碳与所消耗的能源总量比，即单位能源所产生的碳排放量，不同能源品种有不同的碳排放系数。显然，能源结构直接影响能源碳密度。在使用过程中，一般根据 IPCC 的假定，可以认为，某种能源的碳排放系数是不变的，除非燃烧技术实现巨大突破。而人均二氧化碳排放量则与人均 GDP、能源强度、能源结构有关。相应地，二氧化碳排放量的变化率为：

二氧化碳排放量的变化率 = 人口变化率 + 人均 GDP 变化率 + 能源强度变化率 + 能源结构变化率

因此，在人口变化率保持不变且保持一定经济增长速度的前提下，要降低碳排放增长率，就要降低能源消费强度（即提高能源使用效率）和改变能源消费结构，增加非化石能源的消费比例。能源消费强度即单位经济产出的能源消耗，是反映能源利用效率和节能降耗的主要指标，体现了一个国家或地区的经济活动中对能源的利用效率。在短时期内，经济结构的调整和能源结构的改变一般来说难以实现。因此，提高能源效率是减缓碳排放的一种最直接的方法。事实上，与欧美等发达经济体相比，当前我国能源效率是比较低的，即我国在提高能源效率方面存在很大的潜力。

我国现有的经济发展水平和经济发展模式是影响碳排放的最重要因素。目前，中国正处于消除贫困、工业化、城乡一体化加速推进的重要发展时期，地区经济发展差距较大，但总体来看，我国经济发展仍然属于"高能耗、高排放"、集约型与粗放型混合的发展阶段，工业仍然是能源消耗、碳排放的主要部门。

二　指数分解模型综述

目前，对于能源消费、碳排放以及能源消费强度和碳排放强度变化的驱动因子分析，指数分解（Index Decomposition Analysis，IDA）是应用最广泛的模型。指数分解分析就是将总量的变化分解成几个独立的因素，通过分析各因素的变化对总量变化的影响程度。该方法最初是 20 世纪 70 年代末由 Myers 和 Nakamura 将经济学中用于分析价格指数的拉氏（Laspeyres）指数引入能源系统领域①，为能源效率分析提供了一种全新的思路和方法。在最近 30 多年里，指数分解方法逐渐成为研究能源强度的主要方法之一，其中，新加坡学者 B. W. Ang 教授及其合作者对于指数分解方法的完善和应用扩展，发表了大量有影响力的论文（Ang，2004，2005，2006；Ang et al.，1994，1997，1998，2000，2001，2003，2004，2007，2009，2010）。与其他分解分析方法相比，指数分解分析具有简单、灵活的特点。指数分解分析根据分解对象的不同而有不同的含义。Ang 等（2001，2006）将分解分为能源消费分解和能源强度分解。分解对象为能源消费的，将总能源消费随时间的变化分解成总产出变化（产出效应）、产业结构变化（结构效应）和部门能源强度变化（强度效应）。若分解对象为总能源强度，能源强度的变化通常只分解成结构效应和强度效应两部分。随着碳排放问题的日益关注，指数分解也被用来分解碳排放总量变化和碳排放强度变化（Sun，1999；Ang et al.，2001；Duro et al.，2006；Lise，2006；Bhattacharyya and Matsumura，2010；Vinuya et al.，2010；Xu and Ang，2013，蒋金荷，2011）。分解对象为碳排放量的，将总排放量随时间的变化分解成总产出变化（产出效应）、产业结构变化（结构效应）、部门能源强度变化（强度效应）和能源消费结构变化（结构效应）。若分解对象为总碳排放强度，碳排放强度的变化可分解成产业结构效应、能源结构效应和能源强度效应三部分。

在分解形式上，常用的有加法分解和乘法分解两种方式。加法分解是对报告期与基期碳排放（或碳排放强度）的差进行分解，是分解碳排放（或碳排放强度）在一个时间段内的绝对数变化；乘法分解是对报告期与基期碳排放（或碳排放强度）之比进行分解，是分解碳排放（或碳排放强度）在一个时间段内的变化比例，是对相对数的分解。

---

① Myers, J. and L. Nakamura（1978）*Saving Energy in Manufacturing*. Cambridge, MA：Ballinger.

在分解方法上，利用不同数学表达方式的处理，产生了不同的指数分解方法，最常用的包括两类：一类是基于拉氏指数分解方法；另一类是基于迪氏指数（Divisia index）分解方法。拉氏分解法是以因子的基期（0 期）数量值作为权重，计算因子在计算期内变动对总变动的影响；而迪氏分解法则以增长速度的对数作为权重，计算因子在计算期内变动对总变动的影响。简而言之，拉氏分解法就是基于我们所熟知的百分比变化为权重的方法[①]，而迪氏分解法则是基于对数变化为权重的方法。通常认为，迪氏分解法优于拉氏分解法是由于拉氏分解法中带有分解残余项 R，但事实上，迪氏分解法在实际应用中往往需要采用其他方法进行近似计算。因此，一些迪氏分解法也并没有实现完全分解，仍含有分解残余。然而，随着对离散分析技术的完善和提高，迪氏指数分解方法已经实现了完全分解，即分解残余项为零（Ang，2004）。因而，实际应用中一般都用迪氏指数分解方法。

设 C_t 为 t 时期全国总碳排放量，C_{it} 为 t 时期能源 i 的碳排放量，则有：

$$C_t = \sum_{i=1}^{m} C_{it} = \sum_{i=1}^{m} k_i E_{it} = \sum_{i=1}^{m} k_i \sum_{j=1}^{n} E_{ijt} = \sum_{i=1}^{m} k_i \sum_{j=1}^{n} \frac{E_{ijt}}{E_{jt}} \times \frac{E_{jt}}{V_{jt}} \times \frac{V_{jt}}{Y_t} \times$$

$$\frac{Y_t}{P_t} \times P_t = \sum_{i=1}^{m} \sum_{j=1}^{n} k_i \times e_{ijt} \times I_{jt} \times S_{jt} \times G_t \times P_t \qquad (2-3)$$

对式（2－3）两边同时除以人口总量 P_t，则得到人均碳排放量 H_t：

$$H_t = \frac{C_t}{P_t} = \sum_{i=1}^{m} \sum_{j=1}^{n} k_i \times e_{ijt} \times I_{jt} \times S_{jt} \times G_t \qquad (2-4)$$

从广义来说，人均碳排放量也是碳排放强度的一种度量，这是从人类活动角度定义。对式（2－3）两边同时除以经济总产出 Y_t（一般用 GDP 表示），不考虑人口要素，则得到单位产出的碳排放量，即经济活动的碳排放强度 F_t：

[①] 这两种方法的比较，可参见文献（蒋金荷、徐波，2009）。

$$F_t = \frac{C_t}{Y_t} = \sum_{i=1}^{m} \sum_{j=1}^{n} k_i \times e_{ijt} \times I_{jt} \times S_{jt} \qquad (2-5)$$

式（2-3）至式（2-5）中，C_t 表示碳排放总量，F_t 为碳排放强度，H_t 表示人均碳排放量；

$i = 1$，…，m 表示能源种类，共有 m 种能源（如煤、油、气、电等）；

$j = 1$，…，n 表示行业，共有 n 个行业部门（如工业、交通运输业等）；

$G_t = Y_t / P_t$ 表示人均经济产出，一般表示人均 GDP，P_t 表示全国总人口，Y_t 为经济总产出（一般用 GDP 表示）；

$E_{it} = \sum_{j}^{h} E_{ijt}$，$E_{it}$、$E_{ijt}$ 分别表示能源 i 消费量、第 j 部门能源 i 消费量；

$Y_t = \sum_{j} V_{jt}$，V_{jt} 表示第 j 部门经济产出（一般用增加值表示）；

$I_{jt} = \frac{E_{jt}}{V_{jt}}$ 表示第 j 部门能源消费强度；

$e_{ijt} = \frac{E_{ijt}}{E_{jt}}$ 表示第 j 部门能源 i 的消费份额；

$k_i = \frac{C_{it}}{E_{it}}$ 表示第 i 种能源的碳排放系数；

$S_{jt} = \frac{V_{jt}}{Y_t}$ 表示第 j 部门在经济总产出中所占的份额。

根据迪氏指数分解的定义，对于碳排放量变化分解的加法形式：

$$\Delta C_t = C_t - C_{t-1} = \Delta C_{et} + \Delta C_{It} + \Delta C_{St} + \Delta C_{Gt} + \Delta C_{Pt} \qquad (2-6)$$

对于人均碳排放量和碳排放强度变化分解的乘法形式：

$$DH_t = \frac{H_t}{H_{t-1}} = DH_{et} \times DH_{It} \times DH_{St} \times DH_{Gt} \qquad (2-7)$$

$$DF_t = \frac{F_t}{F_{t-1}} = DF_{et} \times DF_{It} \times DF_{St} \qquad (2-8)$$

其中，ΔC_t 表示第 t 年到第 $t-1$ 年的碳排放变化量，DH_t 表示第 t 年到第 $t-1$ 年的人均碳排放量变化量，DF_t 表示第 t 年到第 $t-1$

年的碳排放强度变化量。

根据式（2-6），碳排放总量的变化分别是由以下五种效应引起的，能源消费结构效应（ΔC_{et}）表示能源消费结构的变化对碳排放的影响，反映了能源消费中低碳能源份额变化；能源强度效应（ΔC_{It}）反映了能源使用效率变化对碳排放影响，间接地反映技术进步对碳排放的影响；产业结构效应（ΔC_{St}）反映了产业结构调整对碳排放的影响；经济水平效应（ΔC_{Gt}）反映了经济发展水平、发展阶段对碳排放的影响；人口总量效应（ΔC_{Pt}）反映了人口规模变化对碳排放的影响。可见，这五种指标效应包含能源政策、经济政策、社会政策变化及技术进步对碳排放总量的影响。

根据式（2-7），人均碳排放量的变化分别由四种效应引起的，能源消费结构效应（DH_{et}）表示能源消费结构的变化对人均碳排放的影响；能源强度效应（DH_{It}）反映了能源使用效率变化对人均碳排放影响，间接地反映技术进步对人均碳排放的影响；产业结构效应（DH_{St}）反映了产业结构调整对人均碳排放的影响；经济水平效应（DH_{Gt}）反映了经济发展水平、发展阶段对人均碳排放的影响。这四种效应反映了能源政策、经济政策变化和技术进步对人均碳排放量的影响。

根据式（2-8），碳排放强度的变化分别是由以下三种效应引起的，能源消费结构效应（DF_{et}）表示能源消费结构的变化对碳排放强度的影响；能源强度效应（DF_{It}）反映了能源使用效率变化对碳排放强度影响，间接地反映技术进步对碳排放强度的影响；产业结构效应（DF_{St}）反映了产业结构调整对碳排放强度的影响。这三种效应反映了能源政策、经济政策和技术进步对碳排放强度的影响。

对式（2-6）、式（2-7）、式（2-8）采用不同的分解算法，出现了不同的分解模型，常用的有对数平均迪氏指数（Logarithmic Mean Divisia Index，LMDI）模型和算术平均迪氏指数（Arithmetic Mean Divisia Index，AMDI）模型。这两种模型都可以应用于加法形式和乘法形式（Ang，2005）。LMDI加法分解的结果易于理解和解释，因而，LMDI模型一般都应用于加法分解公式。具体算法公式简述如下：

（一）LMDI 模型：碳排放总量分解模型

LMDI 模型是一种完全分解方法，即没有残余项。式（2-6）ΔC_t 的 LMDI 加法分解公式如下：

$$\Delta C_t = C_t - C_{t-1} = \Delta C_{et} + \Delta C_{It} + \Delta C_{St} + \Delta C_{Gt} + \Delta C_{Pt} \qquad (2-9)$$

$$\Delta C_{Gt} = \sum_i \sum_j L(C_{ij,t}, C_{ij,t-1}) \ln\left(\frac{G_t}{G_{t-1}}\right)$$

$$\Delta C_{Pt} = \sum_i \sum_j L(C_{ij,t}, C_{ij,t-1}) \ln\left(\frac{P_t}{P_{t-1}}\right)$$

$$\Delta C_{St} = \sum_i \sum_j L(C_{ij,t}, C_{ij,t-1}) \ln\left(\frac{S_{jt}}{S_{j,t-1}}\right)$$

$$\Delta C_{It} = \sum_i \sum_j L(C_{ij,t}, C_{ij,t-1}) \ln\left(\frac{I_{jt}}{I_{j,t-1}}\right)$$

$$\Delta C_{et} = \sum_i \sum_j L(C_{ij,t}, C_{ij,t-1}) \ln\left(\frac{e_{ij,t}}{e_{ij,t-1}}\right)$$

对于 $a>0$，$b>0$，权系数对数平均数 $L(a, b)$ 定义为：

$$L(a, b) = \begin{cases} \dfrac{a-b}{\ln a - \ln b} & a \neq b \\ a & a = b \end{cases}$$

将式（2-9）中的碳排放量替换成能源消费量，即可进行类似的能源消费量变化的 LMDI 分解。

（二）LMDIII 模型：人均碳排放量分解模型

LMDIII 分解模型也是一种完全分解方法，由 Ang 和 Choi（1997）提出，即对分解项的权重采用不同于 LMDI 的定义方法。式（2-7）第 t 年相对于第 $t-1$ 年人均碳排放比值 DH_t 的 LMDIII 指数分解乘法公式如下：

$$DH_t = H_t / H_{t-1} = DH_{et} \times DH_{It} \times DH_{St} \times DH_{Gt} \qquad (2-10)$$

$$DH_{Gt} = \exp\left(\sum_i \sum_j \frac{L(w_{ij,t}, w_{ij,t-1})}{L(w_{jt}, w_{j,t-1})} \ln\frac{G_t}{G_{t-1}}\right)$$

$$DH_{et} = \exp\left(\sum_i \sum_j \frac{L(w_{ij,t}, w_{ij,t-1})}{L(w_{jt}, w_{j,t-1})} \ln\frac{e_{ij,t}}{e_{ij,t-1}}\right)$$

$$DH_{I_t} = \exp\left(\sum_i \sum_j \frac{L(w_{ij,t}, w_{ij,t-1})}{L(w_{jt}, w_{j,t-1})} \ln \frac{I_{j,t}}{I_{j,t-1}} \right)$$

$$DH_{S_t} = \exp\left(\sum_i \sum_j \frac{L(w_{ij,t}, w_{ij,t-1})}{L(w_{jt}, w_{j,t-1})} \ln \frac{S_{j,t}}{S_{j,t-1}} \right)$$

其中, $w_{ij,t} = C_{ij,t} / \sum_i C_{ij,t}$, $L(w_{jt}, w_{j,t-1}) = \sum_i L(w_{ij,t}, w_{ij,t-1})$。

（三）AMDI 模型：碳排放强度分解模型

式（2-8）第 t 年相对于第 $t-1$ 年碳排放强度比值（DF_t）的 AMDI 指数分解乘法公式如下：

$$DF_t = \frac{F_t}{F_{t-1}} = DF_{et} \times DF_{I_t} \times DF_{S_t} \tag{2-11}$$

$$DF_{et} = \exp\left(\sum_i \sum_j \frac{1}{2}\left(\frac{C_{ij,t}}{C_t} + \frac{C_{ij,t-1}}{C_{t-1}} \right) \ln \frac{e_{ij,t}}{e_{ij,t-1}} \right)$$

$$DF_{I_t} = \exp\left(\sum_i \sum_j \frac{1}{2}\left(\frac{C_{ij,t}}{C_t} + \frac{C_{ij,t-1}}{C_{t-1}} \right) \ln \frac{I_{j,t}}{I_{j,t-1}} \right)$$

$$DF_{S_t} = \exp\left(\sum_i \sum_j \frac{1}{2}\left(\frac{C_{ij,t}}{C_t} + \frac{C_{ij,t-1}}{C_{t-1}} \right) \ln \frac{S_{j,t}}{S_{j,t-1}} \right)$$

（四）AMDI 模型：能源强度分解模型

为了便于比较，类似于碳排放强度的 Kaya 分解式（2-5）和分解模型（2-11），我们对单位 GDP 能源消费强度变化（DD_t）做类似的指数分解分析。

先定义单位 GDP（或者单位总产出）能源消费强度 D_t 如下：

$$D_t = E_t / Y_t = \sum_i^m \sum_j^n e_{ijt} \times I_{jt} \times S_{jt} \tag{2-12}$$

则第 t 年相对于第 $t-1$ 年能源强度变化（DD_t）的 AMDI 乘法分解公式如下：

$$DD_t = D_t / D_{t-1} = DD_{et} \times DD_{I_t} \times DD_{S_t} \tag{2-13}$$

$$DD_{et} = \exp\left(\sum_i \sum_j \frac{1}{2}\left(\frac{E_{ij,t}}{E_t} + \frac{E_{ij,t-1}}{E_{t-1}} \right) \ln \frac{e_{ij,t}}{e_{ij,t-1}} \right)$$

$$DD_{I_t} = \exp\left(\sum_i \sum_j \frac{1}{2}\left(\frac{E_{ij,t}}{E_t} + \frac{E_{ij,t-1}}{E_{t-1}} \right) \ln \frac{I_{j,t}}{I_{j,t-1}} \right)$$

$$DD_{St} = \exp\left(\sum_i \sum_j \frac{1}{2}\left(\frac{E_{ij,t}}{E_t} + \frac{E_{ij,t-1}}{E_{t-1}} \right) \ln \frac{S_{j,t}}{S_{j,t-1}} \right)$$

根据式（2－13），能源消费强度的变化分别是由以下这三种效应引起的：能源消费结构效应（DD_{et}）表示能源消费结构的变化对能源强度的影响；部门能源强度效应（DD_{It}）反映了行业能源使用效率变化对总能源强度的影响，间接地反映了各行业技术进步对能源强度的影响；产业结构效应（DD_{St}）反映了产业结构调整对能源强度的影响。这三种效应反映了能源政策、经济政策和技术进步对能源强度的影响。

第三节　指数分解模型实证分析

根据前一节介绍的指数分解模型，我们应用 LMDI 分解方法、LMDIII 分解方法和 AMDI 分解方法分别分析影响中国能源消费总量、碳排放总量、人均碳排放量和碳排放强度变化的驱动因素及其贡献率，简单阐述经济社会政策、能源政策和能源技术进步对我国碳排放的影响。AMDI 模型属于不完全分解方法，存在一定的分解残差项，但总体分解结果是可以接受的；LMDI 模型是一种完全分解方法，但只能应用于非比值型变量，即可以直接进行求和累加运算的变量。

一　数据说明

统计数据的可利用性和准确性是评价一切模型结果合理性的基础。本次模型计算所需要的数据来自国家统计局的《中国统计年鉴》（2014）和《中国能源统计年鉴》（2013），以及历年《中国统计年鉴》。由于能源统计数据从 1996—2008 年做了一次全面修正[①]，故这次研究期限选择在 1996—2012 年，共 16 年。对于终端及行业碳排放数据，我们同样根据本章第一节介绍的碳排放量估算方法

———————

① 参见《中国能源统计年鉴》（2009），中国统计出版社 2009 年版。

［见式（2-1）］，利用历年《中国能源统计年鉴》中的能源平衡表（实物量和标准量）数据进行分部门分品种估算。能源消费总量及其碳排放数据基于表2-1。

二 能源消费总量的 LMDI 分解结果

对于能源消费总量，这里仅考虑能源分品种，即能源结构影响，而不考虑行业，故分解模型式（2-9）中无须对行业累加，可分解成能源结构效应、能源强度效应、经济水平效应和人口规模效应四种效应。考虑到结果的可解释性，我们进行两种分解处理，首先，对每年的能源消费变化进行分解，得到 1996—2012 年中国能源消费总量每年变化的 LMDI 分解结果，见表2-6。其次，分阶段进行分解，得到不同时期内能源消费累计变化量，包括1996—2012 年、1997—2002年、2002—2007 年和2007—2012 年，分解结果如表2-7所示。在研究时期内，刚好经历三届政府执政，也可以大体反映三个五年计划时期政策的落实结果，从而分析比较不同时期内实行的经济政策、能源政策对能源消费变化的影响差异。后面的各种分解基本都是按这种方式处理的。图2-14是每年这四种效应对能源消费量变化的贡献率，图2-15是这四种效应在四个不同时期对能源消费总量变化的累计贡献量。

表 2-6　　　　　1996—2012 年中国能源消费总量
每年变化的 LMDI 分解结果　　单位：百万吨标煤

时期（年）	能源结构效应	能源强度效应	经济水平效应	人口规模效应	分解值	实际值
1996—1997	0.0	-111.3	102.4	13.1	4.18	4.18
1997—1998	0.0	-96.0	85.9	11.9	1.78	1.78
1998—1999	0.0	-48.5	86.3	10.9	48.72	48.72
1999—2000	0.0	-67.6	100.3	10.4	43.12	43.12
2000—2001	0.0	-77.3	102.8	9.8	35.27	35.27
2001—2002	0.0	-39.9	118.6	9.5	88.17	88.17
2002—2003	0.0	86.5	146.5	9.8	242.86	242.86
2003—2004	0.0	99.1	171.2	11.1	281.45	281.45
2004—2005	0.0	-14.6	217.5	12.7	215.62	215.62

时期（年）	能源结构效应	能源强度效应	经济水平效应	人口规模效应	分解值	实际值
2005—2006	0.0	-64.5	269.8	12.5	217.81	217.81
2006—2007	0.0	-229.3	424.5	13.3	208.51	208.51
2007—2008	0.0	-360.9	438.0	13.9	91.02	91.02
2008—2009	0.1	-318.6	449.8	13.9	145.13	145.13
2009—2010	0.0	-120.2	265.4	14.4	159.59	159.59
2010—2011	0.0	-257.3	473.9	15.3	231.86	231.86
2011—2012	0.0	-400.3	483.9	16.6	100.23	100.23

表2-7　不同时期中国能源消费总量变化的 LMDI 分解结果

单位：百万吨标煤、%

时期（年）	能源结构效应		能源强度效应		经济水平效应		人口规模效应		能源变化量
	累计量	贡献率	累计量	贡献率	累计量	贡献率	累计量	贡献率	
1996—2012	10.2	0.0	-1804	-399	3689	483	220	17	2115
1997—2002	0.1	0.5	-339	-85	502	174	54	10	217
2002—2007	1.0	0.1	-37	-156	1144	231	58	25	1166
2007—2012	1.1	0.1	-1466	-3	2118	98	74	5	728

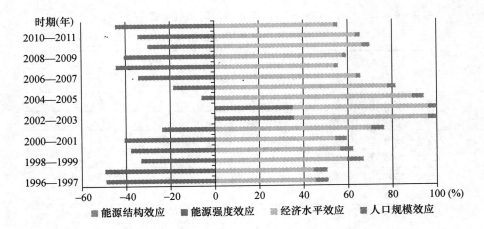

图2-14　四种效应每年对能源消费总量变化的贡献率

注：正值表示促进能源消费量的增加，负值表示有利于能源消费量的减少。

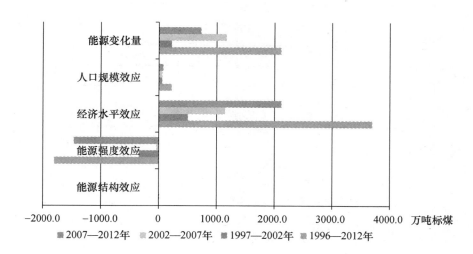

图 2-15　这四种效应在不同时期对能源消费总量变化的累计贡献量

从表 2-6、表 2-7 和图 2-14、图 2-15 的分解结果可以得到以下几点结论：

（1）1996—2012 年，中国能源消费总量累计增加 2115 百万吨标煤，其中，因经济发展水平提高引起的增加能源消费累计为 3689 百万吨标煤，因人口规模扩大引起的增加能源消费累计为 220 百万吨标煤，而能源强度降低导致的减少能源消费累计达 1804 百万吨标煤，因能源结构的改变对能源消费的影响几乎可以忽略。可见，在研究期内，提高能源效率减少能源消费达 18 亿吨标煤。

（2）经济发展水平的提高和人口规模扩大均对能源消费增加起到正向作用。如人均 GDP 在 1996—2012 年、1997—2002 年、2002—2007 年和 2007—2012 年四个时期的年均增长率分别为 11.2%、7.4%、11.8% 和 15.0%，对增加能源消费的影响率显然是不同的（见表 2-7）。人口规模的扩大也有同样的效应，但人口规模效应明显低于经济水平效应。

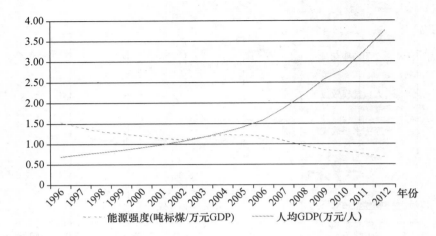

图 2 – 16　1996—2012 年能源强度和人均 GDP 的变化趋势

（3）在研究期内总体上能源强度是下降的（见图 2 – 16），因而，有利于减少能源消费，但 2003 年、2004 年能源强度略有增加，从而导致这两年的能源强度的变化对能源消费增加起到促进作用。能源强度下降幅度对能源消费的抑制作用是很明显的，如在 1996—2012 年、1997—2002 年、2002—2007 年和 2007—2012 年四个时期的年均下降率分别为 5.0%、4.7%、0.4% 和 9.2%，可见，2002—2007 年能源强度变化最小，而 2007—2012 年下降非常明显。故，尽管 2002—2007 年由于经济发展引起能源消费累计增加量远低于 2007—2012 年的数值，但是，由于能源强度抑制作用不明显，导致最终这一时期能源消费累计增加量远高于 2007—2012 年。这也就是强调提高能源效率在节能减排中重要性的原因所在。

（4）研究期内能源结构效应很弱，即这一时期的能源结构变化对能源消费影响微乎其微。但是，需要指出的是，尽管影响幅度很小，但却起着促进能源消费增加的作用。因而，这一时期改变能源结构政策的实施是不利于节能降耗的，图 2 – 17 是研究期内的能源消费结构变化，从煤炭所占比例看，从 1996 年的 77% 下降到 2012 年的 71%，仅减少了 6 个百分点。这也为未来制定能源政策提供的经验和启示。

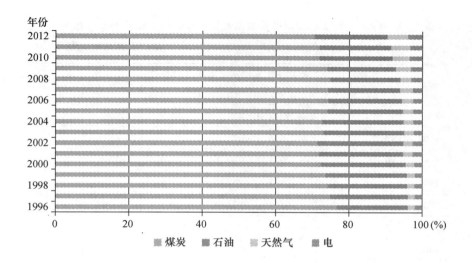

图 2 - 17　1996—2012 年中国能源消费结构变化

　　基于以上这四点结论，在保持经济社会可持续、稳定发展前提下，为了达到节能减排目标，从长远看，要改变能源消费结构，增加优质能源占比；从短期看，提高能源效率是最直接、最有效的方法。

三　碳排放总量的 LMDI 分解结果

　　根据指数分解 LMDI 模型（2 - 9），考虑到数据的可利用性，与能源消费分解类似，这里也不考虑分部门碳排放的影响。因此，化石燃料使用产生的碳排放变化可进行指数分解成能源结构效应、能源强度效应、经济水平效应和人口规模效应四种效应。并进行两种分解处理：首先，对每年的碳排放变化进行分解，得到 1996—2012 年中国碳排放总量每年变化的 LMDI 分解结果，如表 2 - 8 所示。其次，分阶段进行分解，得到不同时期内碳排放累计变化量，包括 1996—2012 年、1997—2002 年、2002—2007 年和 2007—2012 年四个时期中国碳排放总量变化的 LMDI 分解结果，如表 2 - 9 所示。图 2 - 18 是四种效应每年对碳排放量变化的贡献率，图 2 - 19 是四种效应在不同时期对碳排放总量变化的累计贡献量。

表 2 - 8　1996—2012 年中国碳排放总量每年变化的 LMDI 分解结果

单位：百万吨二氧化碳

时期（年）	能源结构效应	能源强度效应	经济水平效应	人口规模效应	分解值	实际值
1996—1997	9.5	-296.2	272.6	34.8	20.6	20.6
1997—1998	-0.4	-255.8	228.9	31.7	4.3	4.3
1998—1999	7.8	-129.3	230.3	29.0	137.8	137.8
1999—2000	-2.6	-180.5	267.8	27.8	112.6	112.6
2000—2001	-18.5	-205.9	273.6	26.1	75.4	75.4
2001—2002	3.4	-106.0	315.1	25.3	237.7	237.7
2002—2003	0.1	230.0	389.4	26.1	645.7	645.7
2003—2004	-6.3	263.2	454.9	29.6	741.4	741.4
2004—2005	-19.8	-38.6	576.4	33.5	551.6	551.6
2005—2006	-7.8	-170.4	713.3	33.0	568.1	568.1
2006—2007	-19.0	-605.2	1120.2	35.2	531.2	531.2
2007—2008	-30.3	-949.0	1151.3	36.5	209.0	209.0
2008—2009	-29.0	-834.4	1178.1	36.3	351.0	351.0
2009—2010	-19.1	-313.8	692.8	37.5	397.5	397.5
2010—2011	-1.0	-671.0	1235.6	39.9	603.5	603.5
2011—2012	-54.7	-1040.4	1257.6	43.3	205.8	205.8

表 2 - 9　　不同时期中国碳排放总量变化的 LMDI 分解结果

单位：百万吨二氧化碳、%

时期（年）	能源结构效应		能源强度效应		经济水平效应		人口规模效应		碳排放变化量
	累计量	贡献率	累计量	贡献率	累计量	贡献率	累计量	贡献率	
1996—2012	-130	-2.4	-4732	-88	9678	179	577	11	5393
1997—2002	-10	-1.7	-903	-159	1337	236	143	25	568
2002—2007	-45	-1.5	-97	-3	3027	100	153	5	3038
2007—2012	-133	-7.5	-3831	-217	5537	313	194	11	1767

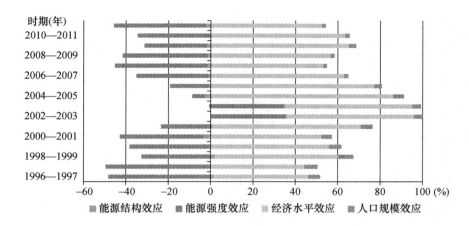

图 2 - 18 四种效应每年对碳排放总量变化的贡献率

注：正值表示促进碳排放量的增加，负值表示有利于碳排放量的减少。

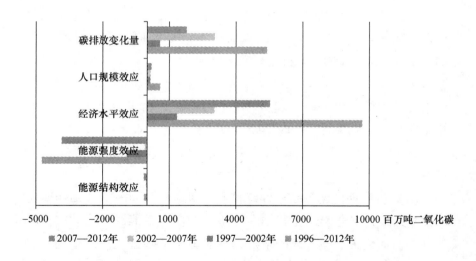

图 2 - 19 四种效应在不同时期对碳排放总量变化的累计贡献量

从表 2 - 8 和表 2 - 9 以及图 2 - 18 和图 2 - 19 的分解结果可以得到以下几点结论：

（1）1996—2012 年，中国碳排放总量累计增加 5393 百万吨二氧化碳，其中因经济发展水平提高引起的增加碳排放量累计为 9678 百万吨二氧化碳，因人口规模扩大引起的增加碳排放量累计为 577

百万吨二氧化碳，而能源强度降低导致的减少碳排放量累计达4732百万吨二氧化碳，因能源结构的改变对碳排放量的减少累计为130百万吨二氧化碳。即研究期内提高能源效率减少碳排放累计达47.3亿吨二氧化碳。

（2）经济发展水平的提高和人口规模扩大均对碳排放量增加起到正向作用。随着人均GDP在1997—2002年、2002—2007年和2007—2012年三个时期的年均增长率分别为7.4%、11.8%和15.0%，对增加碳排放量的累计量也是增加的（见表2-9）。人口规模的扩大也有同样的效应，但人口规模效应明显低于经济水平效应。

（3）在研究期内总体上能源强度是下降的（见图2-16），因而，有利于碳排放量的减少，但是，2003年、2004年能源强度略有增加，从而导致2002—2004年能源强度的变化对碳排放量增加起到促进作用。能源强度下降幅度对碳排放量的抑制作用是很明显的，如在2002—2007年能源强度下降缓慢，在2007—2012年下降率最大达9.2%。故尽管2002—2007年由于经济发展引起碳排放累计增加量远低于2007—2012年的数值，但是，由于能源强度抑制作用不明显，导致最终这一时期碳排放累计增加量远高于2007—2012年。这也就是强调提高能源效率在减缓碳排放中重要性的原因所在。

（4）研究期内能源结构效应较弱，即这一时期内能源结构变化对碳排放量的变化影响比较小。1996—2003年，能源结构效应出现波动，时而促进了碳排放的增加，时而抑制了碳排放量的增加，但是，2003—2012年，一直有利于碳排放量的降低。总体来说，研究期内能源结构的变化有利于碳排放量的减少。因而，这一时期能源消费结构趋于清洁能源、低碳能源发展，如天然气占比从1996年1.9%上升到2012年的5.6%，水电、核电等低碳能源占比从1.9%增加到3.9%。

基于以上这四点结论，在保持经济社会可持续、稳定发展前提下，为了减少碳排放量、实施低碳发展战略，需要不断提高技术进步。从长远看，要明显改变能源消费结构，增加优质能源、低碳能源占比；从短期看，降低能源强度、提高能源效率是减少碳排放最直接、最有效的方法。

四　能源强度的 AMDI 分解结果

对于能源强度，我们选择终端能源消费量而没有利用能源消费总量，因为前者不包含能源加工转换这部分消耗量，因而，能够更好地反映单位总产出的能源利用效率和各行业的能源强度。考虑到数据的可利用性，选择农业、工业、建筑业、交通运输业、商业和服务业六大行业进行分解，因为能源平衡表只提供这六大行业的终端实物量分品种能源消费数据，也就是说，我们才能估算出这六大行业的分品种能源消费数据和碳排放。根据能源强度指数分解 AMDI 模型（2-13），可分解成能源结构效应、行业能源强度效应和产业结构效应三种效应，也进行两种分解处理：首先，对每年的能源强度每年变化进行分解，得到 1996—2012 年中国能源强度每年变化的 AMDI 分解结果，如表 2-10 所示。其次，分阶段进行分解，得到不同时期中国能源强度变化量及贡献率 AMDI 分解结果，包括 1996—2012 年、1997—2002 年、2002—2007 年和 2007—2012 年四个时期，分解结果如表2-11所示。图 2-20 是每年三种效应及能源强度变化的变化趋势（1996 年指标值=1），图 2-21 是三种效应在不同时期对能源强度变化的贡献率。可见，AMDI 方法并不是完全分解，仍有残余项，但是，误差只产生于千分位，是可以接受的，也不影响结果的解释性。

表 2-10　　1996—2012 年中国能源强度每年变化的 AMDI 分解结果

时期（年）	能源结构效应	行业能源强度效应	产业结构效应	分解值	实际值	分解值/实际值
1996—1997	0.999	0.877	1.015	0.889	0.890	0.999
1997—1998	1.000	0.927	1.021	0.947	0.947	1.000

续表

时期（年）	能源结构效应	行业能源强度效应	产业结构效应	分解值	实际值	分解值/实际值
1998—1999	1.001	0.949	1.008	0.958	0.957	1.001
1999—2000	1.000	0.939	1.008	0.946	0.946	1.000
2000—2001	1.000	0.932	1.008	0.939	0.939	1.000
2001—2002	1.000	0.972	1.001	0.974	0.973	1.000
2002—2003	1.001	1.067	1.006	1.073	1.073	1.001
2003—2004	0.999	1.063	1.014	1.077	1.078	0.999
2004—2005	1.000	0.992	1.005	0.996	0.997	1.000
2005—2006	1.000	0.968	0.998	0.966	0.966	1.000
2006—2007	0.999	0.940	1.002	0.941	0.942	0.999
2007—2008	1.001	0.957	0.999	0.956	0.956	1.001
2008—2009	1.000	0.974	0.992	0.966	0.966	1.000
2009—2010	0.999	0.936	1.009	0.944	0.945	0.999
2010—2011	0.999	0.966	1.006	0.972	0.972	0.999
2011—2012	1.000	0.963	0.999	0.962	0.962	1.000

表 2 – 11   不同时期中国能源强度变化量及贡献率的 AMDI 分解结果

时期（年）	能源结构效应		行业能源强度效应		产业结构效应		总效应	
	变化量	贡献率（%）	变化量	贡献率（%）	变化量	贡献率（%）	变化量	变化率（%）
1996—2012	0.921	17.6	0.544	101	1.097	−21.5	0.550	−45.0
1997—2002	1.002	−0.8	0.749	117	1.047	−21.6	0.785	−21.5
2002—2007	0.993	−15.8	1.022	54	1.025	61.6	1.041	4.1
2007—2012	0.992	4.0	0.815	99	1.005	−2.5	0.812	−18.8

从表 2 – 10、表 2 – 11 和图 2 – 20、图 2 – 21 的分解结果可以得到以下几点结论：

（1）总体来说，1996—2012 年，中国终端能源强度呈下降趋势，由 1996 年的 0.96 吨标煤/万元 GDP 下降到 2012 的年 0.57 吨标煤/万元 GDP，年均下降率为 3.2%（见图 2-22）。其中，工业终端能耗下降最明显，年均下降率为 4.4%，其次是交通运输业，年均下降率为 1.2%。

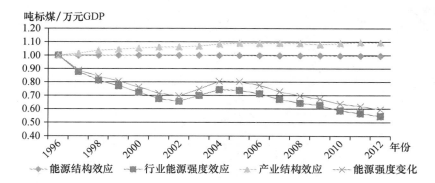

图 2-20　三种效应及能源强度变化的变动趋势（1996 年指标值 = 1）

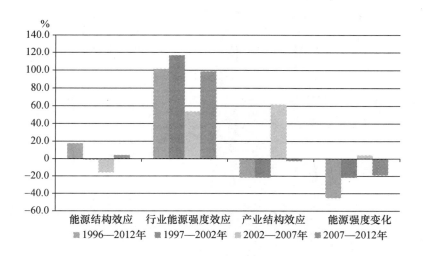

图 2-21　三种效应在不同时期对能源强度变化的贡献率

（2）研究期内终端能源强度降低了 45%，其中，行业能源强度的下降贡献了 101%，能源结构的改变贡献了 17.6%，而产业结构

的变动则起到促进能源强度增加的作用，贡献率为 -21.5% （见表
2-11）。也就是说，在研究期内实行的经济政策、产业政策是不利
于终端能源消费强度的降低，经济处于重工业化发展阶段，工业中
高能耗产业比例过高（见图 2-23），如工业增加值占 GDP 的比例
由 1996 年的 37% 上升到 2012 年的 43% （按 2005 年不变价格计
算）。

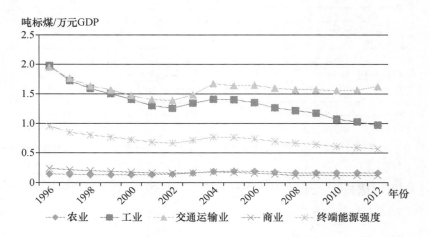

图 2-22 1996—2012 年终端能源强度和行业能源强度

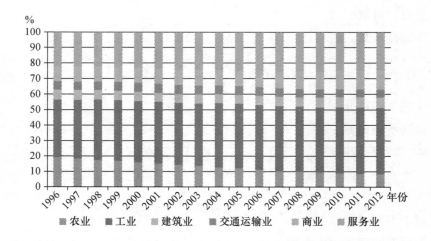

图 2-23 1996—2012 年六大行业增加值占 GDP 比例

产业用能政策是有利于节能降耗的，行业能源强度下降明显，终端用能技术进步显著，如万元工业增加值终端能耗由1996年的1.98吨标煤降低到2012年的0.97吨标煤，下降了51%。终端能源消费结构也有一定的改善，煤炭占比下降明显。

（3）在2002—2007年，终端能源强度上升了4.1%，其中，行业终端能源强度效应和产业结构效应分别贡献了54%和61.6%（见表2-11），而这一时期的能源结构改变却起到抑制能源强度增加的作用，即有利于降低能源强度，贡献率为15.8%（见表2-11）。

基于以上这三点分析结论，可以简单总结为：要降低能源消费总强度，重点在于降低行业能源强度，尤其是提升高耗能产业的用能效率，加强对用能技术的投资力度和推广应用；改善终端用能结构，增加清洁、优质能源比例；逐步降低高耗能产业占比。

五 碳排放强度的AMDI分解结果

对于碳排放强度，我们利用能源强度类似的数据处理方法和指数分解模型（2-11），基于六大产业终端碳排放量定义单位增加值的碳排放强度，碳排放数据估算结果见表2-4。从终端来说，电力不直接排放二氧化碳，所以，这次计算没有包括电力使用产生的间接碳排放量。碳排放强度变化可分解成能源结构效应、行业能源强度效应和产业结构效应三种效应，也进行两种分解处理。首先，对每年的碳排放强度进行分解，得到1996—2012年中国碳排放强度变化的AMDI分解结果，如表2-12所示。其次，分阶段进行分解，得到不同时期内碳排放强度的变化量及贡献率（包括1996—2012年、1997—2002年、2002—2007年和2007—2012年四个时期）的AMDI分解结果，如表2-13所示。图2-24是三种效应及碳排放强度变化的变动趋势（1996年指标值=1），图2-25是这三种效应在四个不同时期内对碳排放强度变化的贡献率。可见，这次AMDI分解模型实现了完全分解。

表 2 – 12 1996—2012 年中国碳排放强度变化的 AMDI 分解结果

时期（年）	行业能源强度效应	产业结构效应	能源结构效应	分解值	实际值	分解值/实际值
1996—1997	0.874	1.016	1.028	0.912	0.912	1.00
1997—1998	0.925	1.022	0.957	0.904	0.904	1.00
1998—1999	0.948	1.008	0.984	0.941	0.941	1.00
1999—2000	0.939	1.008	0.979	0.926	0.926	1.00
2000—2001	0.931	1.008	0.988	0.928	0.928	1.00
2001—2002	0.974	1.002	0.957	0.934	0.934	1.00
2002—2003	1.066	1.006	0.985	1.056	1.056	1.00
2003—2004	1.064	1.014	1.005	1.084	1.084	1.00
2004—2005	0.991	1.006	1.024	1.020	1.020	1.00
2005—2006	0.968	0.998	0.990	0.956	0.956	1.00
2006—2007	0.941	1.001	0.994	0.936	0.936	1.00
2007—2008	0.958	0.999	0.984	0.943	0.943	1.00
2008—2009	0.972	0.991	0.991	0.954	0.954	1.00
2009—2010	0.939	1.009	0.981	0.930	0.930	1.00
2010—2011	0.962	1.007	1.009	0.977	0.977	1.00
2011—2012	0.960	0.999	0.999	0.957	0.957	1.00

表 2 – 13 不同时期中国碳排放强度变化及贡献率的 AMDI 分解结果

时期（年）	行业能源强度效应		产业结构效应		能源结构效应		总效应	
	变化量	贡献率（%）	变化量	贡献率（%）	变化量	贡献率（%）	变化量	变化率（%）
1996—2012	0.539	94.0	1.099	– 20.2	0.860	28.6	0.509	– 49.1
1997—2002	0.747	79.8	1.049	– 15.4	0.871	40.5	0.682	– 31.8
2002—2007	1.024	53.1	1.025	56.3	0.995	– 10.3	1.045	4.5
2007—2012	0.809	87.9	1.003	– 1.3	0.965	16.3	0.782	– 21.8

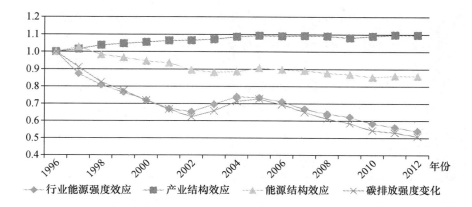

图 2 - 24　三种效应及碳排放强度变化的变动趋势（1996 年指标值 = 1）

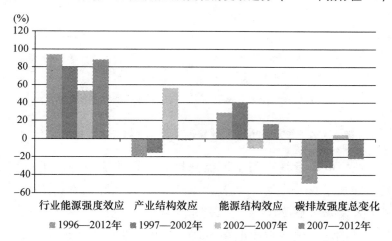

图 2 - 25　三种效应在不同时期对碳排放强度变化的贡献率

从表 2 - 12、表 2 - 13 和图 2 - 24、图 2 - 25 的分解结果可以得到以下几点结论：

（1）总体来说，1996—2012 年，中国终端碳排放强度呈下降趋势，由 1996 年的 2. 04 吨二氧化碳/万元 GDP 下降到 2012 年的 1. 04 吨二氧化碳/万元 GDP，年均下降率 4. 1%（见图 2 - 26）。其中工业终端碳排放强度下降最明显，年均下降率 4. 4%，其次是交通运输业，年均下降率 2. 2%。

（2）研究期内终端碳排放强度降低了 49. 1%，其中，行业能源强度的下降贡献了94%，能源结构的改变贡献了28.6%，而产业结构的变动则起到促进碳排放强度增加的作用，贡献率为－20.2%（见表2－13）。也就是说，在研究期内实行的经济政策、产业政策是不利于终端碳排放强度的降低，经济处于重工业化发展阶段，工业中高能耗产业比例过高。总体趋势与能源强度比较一致。

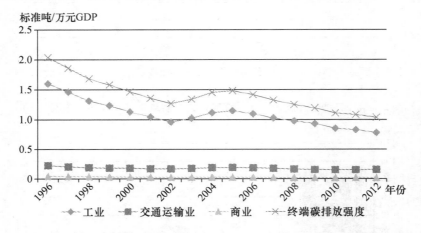

标准吨/万元GDP

图2－26   1996—2012年终端碳排放强度和行业碳排放强度

产业用能政策是有利于节能减排的，行业能源强度下降明显，终端用能技术进步显著，如万元工业增加值能源消费由1996年的1.6吨标煤降低到2012年的0.78吨标煤（见图2－26），下降了51%。终端能源消费结构也有一定的改善，煤炭占比下降明显。

（3）2002—2007年，终端碳排放强度上升了4.5%，其中行业终端能源强度效应和产业结构效应分别贡献了53%和56%，而这一时期的能源结构改变却起到抑制碳排放强度增加的作用，即有利于降低碳排放强度，贡献率为10.3%（见表2－13）。

基于以上这三点分析结论，可以简单总结为：要降低终端碳排放强度，重点在于降低行业能源强度，尤其是提升高耗能产业的用能效率，加强对用能技术的投资力度和推广应用；改善终端用能结构，增加清洁、低碳能源比例；实施低碳产业、低碳技术发展战略，逐步降低高耗能产业占比。

第三章 中国主要行业和
区域碳排放分析

本章主要对中国主要碳排放行业——工业和交通运输业的能源消费和碳排放特征进行分析,并利用第二章给出的各种指数分解模型对影响行业碳排放变化的驱动因子进行分解。考虑到我国区域经济发展差异,以及统计数据的可利用性,我们基于省(市、区)级对区域能源消费和碳排放特征进行分析,同时也简述了影响区域碳排放变化因子的差异。

第一节 工业部门碳排放分析

1980—2013 年,我国工业增加值按当年价格,从 1997 亿元增加到 210689 亿元,扩大了 105 倍,按 2005 年不变价格计算,则扩大了 33 倍,年均增长率达到 11.3%。工业增加值占 GDP 比值基本稳定在 40% 左右,但近年来呈现出下降趋势(见图 3-1),2013 年为 35.8%。从能源消费来看,工业能源消费占全国总能源消费的 70% 左右,其中,2012 年煤炭消费占全国煤炭消费量的 95.2%,电力消费占全国电力总消费量的 72.8%。从终端能源消费分析,2012 年工业终端能源消费占终端能源消费总量的 68.4%。考虑到数据的可利用性,下面我们主要对工业终端分品种能源消费和碳排放特征进行分析,研究期限为 1996—2012 年。

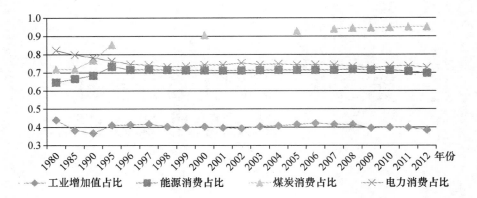

图 3-1 1980—2012 年工业增加值占比和能源消费占比概况

资料来源：《中国统计年鉴》（2014）和《中国能源统计年鉴》（2013）。

一　工业终端能源消费和碳排放量估算

我们先基于"能源平衡表"中的终端能源消费（实物量），采用第二章第一节介绍的碳排放估算方法式（2-1），得到分品种工业终端能源消费量和碳排放量，估算时已经除去"非能源使用"部分的能源消费量。估算结果如表 3-1 和表 3-2 所示。

表 3-1　　　　　　1996—2012 年中国工业终端碳排放量及结构

| 年份 | 直接碳排放（百万吨二氧化碳） | | | | 间接碳排放（百万吨二氧化碳） | | | 合　计 |
	煤	油	气	合计	电力	热力	占比（%）	合计（百万吨二氧化碳）
1996	1228.3	111.8	21.5	1361.6	738.6	118.2	38.6	2218.4
1997	1229.7	118.0	23.3	1371	705.4	121.0	37.6	2197.4
1998	1136.3	168.6	25.9	1330.8	822.1	148.9	42.2	2301.8
1999	1181.6	149.6	23.0	1354.2	738.9	137.8	39.3	2230.9
2000	1144.3	166.1	25.9	1336.3	792.5	148.9	41.3	2277.7
2001	1145.3	168.8	27.4	1341.5	848.4	157.6	42.9	2347.5
2002	1134.8	175.4	29.0	1339.2	983.6	166.4	46.2	2489.2
2003	1337.4	180.4	36.1	1553.9	1166.7	173.6	46.3	2894.2
2004	1636.6	182.8	35.2	1854.6	1322.8	180.7	44.8	3358.1

续表

年份	直接碳排放（百万吨二氧化碳）				间接碳排放（百万吨二氧化碳）			合　计
	煤	油	气	合计	电力	热力	占比（%）	合计（百万吨二氧化碳）
2005	1909.7	173.6	39.1	2122.4	1458.4	212.4	44.0	3793.2
2006	2048.2	182.6	51.7	2282.5	1676.5	225.7	45.5	4184.7
2007	2200.5	181.8	60.6	2442.9	1836.7	236.3	45.9	4515.9
2008	2274.9	207.3	68.3	2550.5	1879.9	229.1	45.3	4659.5
2009	2406.3	186.1	66.0	2658.4	1973.6	234.8	45.4	4866.8
2010	2431.3	184.9	73.5	2689.7	2208.4	272.2	48.0	5170.3
2011	2601.5	163.9	93.2	2858.6	2538.6	292.1	49.8	5689.3
2012	2634.9	153.2	108.1	2896.2	2542.2	310.8	49.6	5749.2

注：比例是指间接碳排放占总排放的百分比。

表3－2　　　　　　1996—2012 年中国工业终端能源消费量

单位：百万吨标煤

年份	合计	煤	油	气	电力	热力	电力和热力比例
1996	631.4	439.9	52.8	13.1	89.3	31.6	19.1
1997	615.2	417.7	56.2	13.0	93.0	32.3	20.4
1998	631.2	408.1	80.1	11.8	94.7	35.1	20.6
1999	649.7	406.8	89.9	14.0	100.6	36.8	21.1
2000	659.6	391.8	99.0	15.8	111.4	39.8	22.9
2001	669.9	387.4	100.0	16.7	121.8	42.1	24.5
2002	706.2	394.6	106.6	17.7	138.1	44.4	25.8
2003	829.3	486.3	110.7	22.0	158.7	46.3	24.7
2004	982.1	601.8	118.7	21.5	184.4	48.3	23.7
2005	1090.1	680.4	114.4	23.8	206.7	56.7	24.2
2006	1185.6	726.4	120.9	31.5	238.5	60.3	25.2
2007	1276.6	768.7	125.5	36.9	273.2	63.1	26.3
2008	1349.6	814.3	136.4	41.6	285.8	61.2	25.7
2009	1417.2	869.2	130.9	40.2	302.3	62.7	25.8
2010	1461.2	821.6	151.6	44.7	347.9	72.7	28.8
2011	1536.4	873.7	119.8	56.7	393.2	78.0	30.7
2012	1557.7	877.7	113.5	64.7	409.7	83.0	31.6

注：电力和热力比例是指电力和热力占总能源消费的百分比；表中的能源消费按照热当量进行估算。

二 工业终端能源消费和碳排放特征

结合中国终端能源消费量和碳排放量（见表 2 - 5），分析表
3 - 1 和表 3 - 2，可以得到工业碳排放具有以下几个特征。

（1）总体来说，工业终端能源消费量和碳排放量在 1996—2012
年间趋于上升，年均增长率分别为 5.8%、4.8%（直接碳排放）。
考虑到这期间工业增加值年均增长率为 10.6%，故能源消费弹性系
数和碳排放弹性系数分别为 0.55 和 0.46，即工业每增加 1 个百分
点，需要能源消费增加 0.55 个百分点、碳排放增加 0.46 个百分点。

（2）工业终端能源消费占终端能源总消费、工业终端碳排放占
终端总碳排放的比例，无论是直接碳排放，还是包括电力和热力的
间接碳排放占比，1996—2012 年都呈下降趋势（见图 3 - 2），2012
年直接占比、间接占比分别为 54.4% 和 64.6%，能源消费占比从
1996 年的 67.6% 降低到 2012 年的 56.1%。可见，工业在终端总能
源消费中的比例是缩小的，这与工业增加值占比减少是一致的。

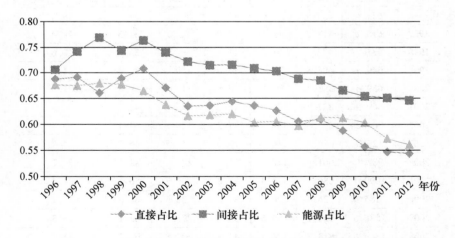

图 3 - 2　1996—2012 年中国工业终端碳排放占终端总排放比例

（3）工业终端能源消费中电力、热力的消费比例越来越高（见
图 3 - 3），反映了工业能源消费结构不断清洁化和优化。煤炭消费
比例由 1996 年的 70% 下降到 2012 年的 56%，电力和热力的比例由
1996 年的 19% 上升到 2012 年的 32%。

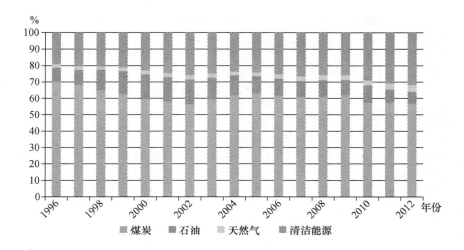

图3-3 1996—2012年中国工业终端能源消费结构

（4）工业终端总碳排放中由电力、热力产生的间接碳排放比例上升较快，1996—2012年增加了11个百分点（见图3-4）。如果不考虑电力、热力间接碳排放，煤炭、油、气在直接碳排放比例中变化不大，但考虑间接碳排放，则煤炭占比由1996年的55.4%下降到2012年的45.8%。

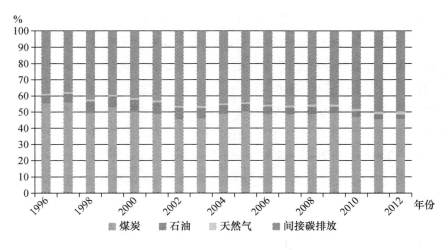

图3-4 1996—2012年工业终端碳排放占比

　　（5）1996—2012 年单位工业增加值能源强度和碳排放强度总体上都是下降的（见图 3 - 5），其中，2012 年能源强度比 1996 年下降51%，碳排放强度（仅包括直接碳排放）下降57%，年均下降率分别为4.3%和5.2%。这也间接地反映了工业部门能源使用技术的进步和能源效率的提高。

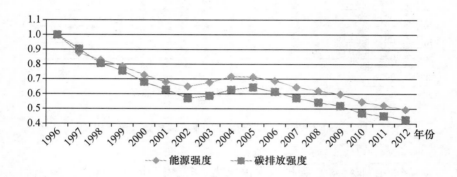

图 3 - 5　1996—2012 年工业能源强度和碳排放强度指数变化（1996 年指标值 = 1）

三　工业终端碳排放强度的指数分解结果

　　对于影响工业碳排放强度的驱动因素，利用第二章的分解模型（2 - 11），计算时我们考虑了电力、热力的间接碳排放。工业碳排放强度变化可分解成碳密度效应、能源结构效应和能源强度效应三种，也进行两种分解处理。首先，对每年的碳排放强度变化进行分解，得到1996—2012 年中国工业碳排放强度变化的 AMDI 分解结果，如表3 - 3 所示。其次，分阶段进行分解，得到不同时期内碳排放强度的变化量及贡献率，包括 1996—2012 年、1997—2002 年、2002—2007 年和2007—2012 年四个时期，分解结果如表3 - 4 所示。图3 - 6 是每年这三种效应及碳排放强度变化的变动趋势（1996 年指标值 = 1）。

表 3 – 3　　　　1996—2012 年中国工业碳排放强度变化的 AMDI 分解结果

时期（年）	碳密度效应	能源结构效应	能源强度效应	分解值	实际值
1996—1997	1.00	1.01	0.88	0.890	0.890
1997—1998	1.03	0.99	0.94	0.962	0.962
1998—1999	0.94	1.00	0.95	0.893	0.893
1999—2000	0.99	1.01	0.92	0.930	0.930
2000—2001	1.00	1.02	0.93	0.948	0.948
2001—2002	0.99	1.02	0.95	0.964	0.964
2002—2003	0.99	1.00	1.04	1.031	1.031
2003—2004	0.98	1.00	1.06	1.041	1.041
2004—2005	1.01	1.01	1.00	1.012	1.012
2005—2006	1.00	1.01	0.96	0.977	0.977
2006—2007	0.99	1.02	0.94	0.939	0.939
2007—2008	0.98	0.99	0.96	0.939	0.939
2008—2009	0.99	1.01	0.97	0.961	0.961
2009—2010	1.01	1.02	0.91	0.948	0.948
2010—2011	1.01	1.03	0.96	0.997	0.997
2011—2012	0.99	1.01	0.95	0.938	0.938

表 3 – 4　　　　　　不同时期工业碳排放强度的变化及贡献率

时期（年）	碳密度效应		能源结构效应		能源强度效应		总效应	
	变化量	贡献率（%）	变化量	贡献率（%）	变化量	贡献率（%）	变化量	变化率（%）
1996—2012	0.91	18	1.15	−31	0.49	105	0.52	−48
1997—2002	0.95	18	1.04	−15	0.74	97	0.73	−27
2002—2007	0.97	851	1.04	−963	0.99	181	1.00	−0.4
2007—2012	0.99	7	1.06	−28	0.77	116	0.80	−20

从表 3 – 3、表 3 – 4 和图 3 – 6 可以得到以下几点结论：

（1）总体来说，1996—2012 年，中国工业终端碳排放强度下降显著，由 1996 年的 6.95 吨二氧化碳/万元工业增加值下降到 2012 年的 3.61 吨二氧化碳/万元工业增加值（按照 2005 年不变价格计算），降低了 48%，年均下降率为 4.0%（见图 3 – 6）。

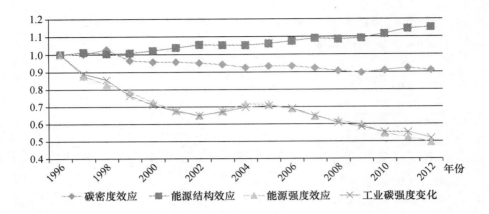

图 3 - 6　三种效应及碳排放强度变化的变动趋势（1996 年指标值 = 1）

（2）1996—2012 年，工业碳排放强度的下降主要是由工业终端能源强度的下降贡献的，贡献率为 105%，其次是碳密度的改变引起的，贡献率为 18%。而能源结构变动则起到促进工业碳排放强度增加的作用，贡献率为 - 31%（见表 3 - 4）。也就是说，在研究期内，工业能源消费结构中低碳能源的比例上升，但占比仍然过低，减缓碳排放不显著，不足以促进碳排放强度的降低。

（3）不同时期，这三种效应对工业碳排放强度变化所起的作用是有差异的，尤其是 2002—2007 年，工业能源强度变化很小，从而对碳排放的减缓作用也较弱，故该时期碳排放强度变化不明显。

总之，要降低工业终端碳排放强度，重点在于降低工业终端能源消费强度，提高工业系统的用能效率；改善工业终端用能结构，增加清洁能源、低碳能源比例。

第二节　交通运输业碳排放分析

1990—2013 年，我国交通运输业增加值按当年价格，从 1148 亿元增加到 27283 亿元；扩大了 23 倍，按 2005 年不变价格计算，则扩大了 10 倍，年均增长率达到 10.9%，低于 GDP 同期平均增长率 11.8%。交通运输业增加值占 GDP 比值由 1990 年的 6.1% 下降到 2013 年的 4.6%（见图 3 – 7）。从实物量分析，旅客周转量由 1990 年的 5628 亿人公里增加到 2013 年的 27572 亿人公里，扩大了 3.9 倍，货物周转量由 1990 年的 26208 亿吨公里增加到 2012 年的 168014 亿吨公里，扩大了 5.4 倍。从能源消费来看，1996—2012 年，交通运输业能源消费占全国总能源消费的比例由 7.4% 增加到 8.7%，但交通运输业终端石油消费占终端总石油消费的比例由 29.1% 上升到 37.2%，尤其最近十年，上升非常显著，这与交通运输业的用能特点有关，2012 年油制品合计终端消费达到 1.77 亿吨。交通运输业终端电力消费占终端电力总消费比例由 2.9% 下降到 2.3%。

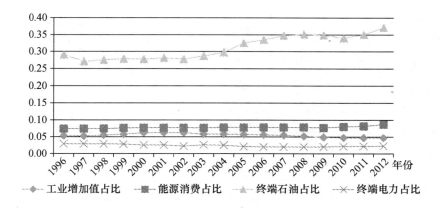

图 3 – 7　1996—2012 年交通运输业主要指标占比

资料来源：《中国统计年鉴》（2014）和《中国能源统计年鉴》（2013）。

一　交通运输业能源消费和碳排放估算

同样，基于"能源平衡表"中的终端能源消费（实物量），采用第二章第一节介绍的碳排放估算方法 [见式（2 – 1）]，得到中国交通运输业终端能源消费量和碳排放量及结构。估算结果如表 3 – 5 和表 3 – 6 所示。

表 3 - 5   1996—2012 年中国交通运输业终端碳排放量及结构

年份	直接碳排放（百万吨二氧化碳）				间接碳排放（百万吨二氧化碳）			合计（百万吨二氧化碳）
	煤	油	气	合计	电力	热力	占比（%）	
1996	32.4	160.6	0.3	193.3	26.2	0.78	12.3	220.28
1997	30.3	163.7	0.3	194.3	24.8	0.79	11.6	219.89
1998	24.6	170.5	0.1	195.2	25.0	0.98	11.7	221.18
1999	19.1	183.4	0.1	202.6	25.7	0.95	11.6	229.25
2000	18.2	198.4	3.2	219.8	24.6	0.95	10.5	245.35
2001	17.5	204.7	3.4	225.6	26.5	1.07	11.0	253.17
2002	17.7	221.2	5.9	244.8	26.5	1.04	10.3	272.37
2003	19.9	251.2	7.6	278.7	36.8	1.09	12.2	316.59
2004	16.9	303.1	7.6	327.6	39.6	1.56	11.4	368.76
2005	16.6	342.2	10.3	369.1	37.3	1.36	9.7	407.76
2006	15.8	378.3	11.6	405.7	40.4	2.09	9.7	448.19
2007	15.0	412.0	11.8	438.8	43.9	2.09	9.7	484.79
2008	13.6	422.9	11.9	448.4	46.2	2.32	10.0	506.92
2009	13.0	437.8	17.8	468.6	49.5	1.90	10.2	520
2010	13.0	478.5	21.0	512.5	57.3	2.09	10.8	571.89
2011	13.1	522.4	27.7	563.2	67.3	2.54	11.5	633.04
2012	12.5	581.5	30.9	624.9	69.8	2.89	10.9	697.59

注：占比是指间接碳排放占总排放的百分比。

表 3 - 6   1996—2012 年中国交通运输业终端能源消费量

单位：百万吨标煤

年份	合计	煤	油	气	电力	热力	电力和热力占比
1996	90.01	11.9	74.4	0.3	3.2	0.21	3.8
1997	90.11	10.2	76.1	0.3	3.3	0.21	3.9
1998	91.16	8.2	78.8	0.5	3.4	0.26	4.0
1999	96.85	6.6	85.5	1.0	3.5	0.25	3.9
2000	102.05	6.2	91.0	1.1	3.5	0.25	3.6
2001	105.39	5.8	93.9	1.6	3.8	0.29	3.9
2002	113.68	6.2	100.4	3.1	3.7	0.28	3.5

续表

年份	合计	煤	油	气	电力	热力	电力和热力占比
2003	130.09	7.5	113.6	3.7	5.0	0.29	4.1
2004	155.32	6.5	137.6	5.3	5.5	0.42	3.8
2005	174.56	6.3	154.4	8.2	5.3	0.36	3.2
2006	192.76	5.9	170.5	10.1	5.7	0.56	3.3
2007	209.06	5.4	185.8	10.8	6.5	0.56	3.4
2008	221.02	5.1	191.5	16.8	7.0	0.62	3.5
2009	230.31	5.0	195.5	21.7	7.6	0.51	3.5
2010	250.06	4.5	214.8	21.2	9.0	0.56	3.8
2011	276.58	4.6	232.3	28.6	10.4	0.68	4.0
2012	306.07	4.3	258.7	31.1	11.2	0.77	3.9

注：电力和热力占比是指电力和热力占总能源消费的百分比；表中的能源消费按照热当量进行估算。

二 交通运输业能源消费和碳排放特征

分析表 3 - 5 和表 3 - 6，可以得到交通运输业终端能源消费和碳排放具有以下几个特征：

（1）总体来说，交通运输业终端能源消费和碳排放量在 1996—2012 年都趋于上升，年均增长率分别为 8.0% 和 7.5%（包括间接碳排放）。考虑到这期间交通运输业增加值年均增长率为 9.2%，故能源消费弹性系数和碳排放弹性系数分别为 0.86 和 0.81，即交通运输业增加值每增加 1 个百分点，需要能源消费增加 0.86 个百分点和碳排放增加 0.81 个百分点。可见，交通运输业的高耗能和高碳排放的特点非常明显。

（2）交通运输业终端能源消费结构的一个显著特点就是石油消费占比很高，大约为 85%（见图 3 - 8）。随着铁路运输技术的进步，煤炭消费比例越来越低，2012 年只占 1.4%，而天然气占比迅猛提高，2012 年达到了 10.2%，这是燃气发动机推广应用的结果。电力、热力的消费比例基本稳定。

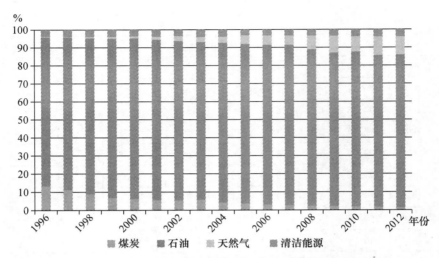

图 3 - 8　1996—2012 年中国交通运输业终端能源消费结构

（3）与用能结构类似，反映到交通运输业终端碳排放结构上，石油燃烧引起的碳排放占比很高（见图 3 - 9），并且逐渐上升，由 1996 年的 72.9% 增加到 2012 年的 87.2%，如果不考虑间接碳排放，则石油引起的碳排放占交通运输业的比例更高，2012 年高达 98%。

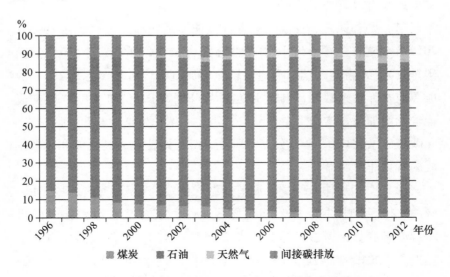

图 3 - 9　1996—2012 年中国交通运输业终端碳排放占比

（4）1996—2012 年单位交通运输业增加值能源强度和碳排放强度总体上都是下降的（见图 3 - 10），中间存在波动，其中，2012 年能源强度比 1996 年下降 17%，碳排放强度（包括间接碳排放）下降 23%，年均下降率分别为 1.2%、1.6%。这也间接地反映了研究期内交通运输业能源使用技术进步不明显，能源效率有待进一步提高。

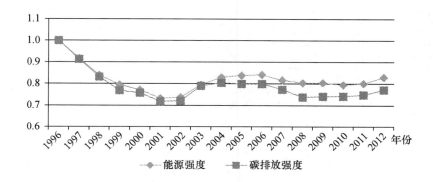

图 3 - 10　1996—2012 年中国交通运输业能源强度和碳排放强度指数变化（1996 年指标值 = 1）

三　交通运输业碳排放强度的指数分解结果

对于影响交通运输业碳排放强度变化的驱动因素，利用第二章的分解模型（2 - 11），计算时我们考虑了电力、热力的间接碳排放。故交通运输业碳排放强度变化可分解成碳密度效应、能源结构效应和能源强度效应三种，也进行两种分解处理。首先对每年的碳排放强度变化进行分解，得到 1996—2012 年中国交通运输业碳排放强度变化的 AMDI 分解结果，如表 3 - 7 所示；其次，分阶段进行分解，得到不同时期中国交通运输业碳排放强度的变化量及贡献率，包括 1996—2012 年、1997—2002 年、2002—2007 年和 2007—2012 年四个时期，分解结果如表 3 - 8 所示。图 3 - 11 是三种效应及碳排放强度变化的变动趋势（1996 年指标值 = 1）。

表 3 - 7　　　　　1996—2012 年中国交通运输业碳排放强度
变化的 AMDI 分解结果

时期（年）	碳密度效应	能源结构效应	能源强度效应	分解值	实际值
1996—1997	1.00	1.00	0.92	0.91	0.91
1997—1998	1.00	0.99	0.92	0.91	0.91
1998—1999	0.99	0.99	0.95	0.92	0.92
1999—2000	1.03	0.99	0.97	0.99	0.99
2000—2001	1.00	1.00	0.95	0.95	0.95
2001—2002	1.01	0.99	1.01	1.00	1.00
2002—2003	1.00	1.01	1.08	1.10	1.10
2003—2004	0.98	0.99	1.04	1.02	1.02
2004—2005	1.00	0.98	1.01	0.99	0.99
2005—2006	1.00	1.00	1.00	1.00	1.00
2006—2007	1.00	1.00	0.97	0.97	0.97
2007—2008	0.98	0.99	0.98	0.95	0.95
2008—2009	1.01	1.00	1.00	1.00	1.00
2009—2010	1.00	1.01	0.99	1.00	1.00
2010—2011	1.01	0.99	1.01	1.01	1.01
2011—2012	1.00	1.00	1.04	1.03	1.03

表 3 - 8　　　不同时期交通运输业碳排放强度的变化量及贡献度

时期（年）	碳密度效应		能源结构效应		能源强度效应		总效应	
	变化量	贡献率（%）	变化量	贡献率（%）	变化量	贡献率（%）	变化量	变化率（%）
1996—2012	1.00	-2	0.92	35	0.83	72	0.76	-24
1997—2002	1.01	-7	0.97	12	0.80	95	0.79	-21
2002—2007	0.99	-20	0.98	-28	1.11	152	1.07	7.1
2007—2012	1.00	-170	0.98	1798	1.016	-1557	1.00	-0.1

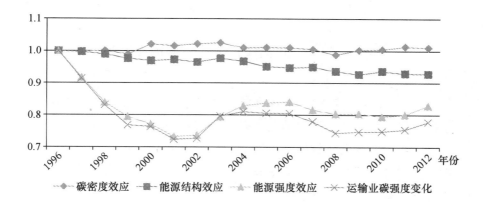

图 3 - 11　三种效应及碳排放强度变化的变动趋势（1996 年指标值 = 1）

从表 3 - 7、表 3 - 8 和图 3 - 11 可以得到以下几点结论：

（1）总体来说，1996—2012 年，中国交通运输业终端碳排放强度呈下降趋势，由 1996 年的 4. 79 吨二氧化碳／万元交通运输业增加值下降到 2012 年的 3. 69 吨二氧化碳／万元运输业增加值（按照 2005 年不变价格计算），降低了 23%，年均下降率 1. 6%（见图 3 - 11）。

（2）研究期内交通运输业碳排强度的下降主要是由交通运输业终端能源强度的下降贡献的，贡献率为 72%；其次是能源结构效应，贡献率为 35%。而碳密度的变化则起到促进交通运输业碳排放强度增加的作用，贡献率为 - 2%（见表 3 - 8），尽管影响微乎其微。也就是说，在研究期内交通运输业能源消费结构中低碳能源的比例变化不明显，但清洁能源的比例提高，减缓了碳排放，从而促进碳排放强度的降低。

（3）不同时期，这三种效应对交通运输业碳排放强度所起的作用是有差异的，尤其是 2002—2007 年，交通运输业碳排放强度上升了 7. 1%，其中能源强度的提高贡献了 152%，而能源结构、碳密度的变动都促进了碳排放强度的降低。

总之，要降低交通运输业终端碳排放强度，重点在于降低交通运输业能源强度，提高交通运输系统的用能效率；改善交通运输业终端用能结构，增加清洁能源、低碳能源比例。

第三节　中国区域碳排放分析

　　由于中国各地区能源资源禀赋、能源消费结构以及经济发展水平的差异，各地区的能源消费、碳排放强度也存在明显的差异。分析比较各地区的碳排放特征，对于合理分配各地区碳减排指标，实现中国减排目标的国际承诺是非常必要的。

一　省级碳排放总量估算

　　考虑到数据的可利用性，对于省（市、区）级碳排放总量的估算，我们只能利用历年《中国能源统计年鉴》中"分地区分品种能源消费量"表的数据进行估算，该表给出了9种能源实物量消费值，包括煤炭、焦炭、原油、汽油、煤油、柴油、燃料油、天然气、电力。在估算二氧化碳时，考虑到表中的煤炭是原煤、型煤等的合计，没有直接的折标煤系数，我们利用全国各年各种煤炭的消费量：实物量和标准量，求出每年的煤炭折标煤系数的平均值，作为这次计算各省（市、区）的系数。再基于第二章表2－2中的各能源折标煤系数和碳排放系数及表2－3电力供电碳排放系数即可估算出各省（市、区）历年的碳排放总量，由于表中的数据是各能源消费总量，故测算碳排放总量时也包括电力消费的碳排放量。表3－9给出了9种能源折标煤系数和碳排放系数，表3－10、表3－11和表3－12分别列出了2000年、2005年和2012年各省（市、区）能源消费和碳排放、人均碳排放总量、人均能源消费量、单位GDP的能源消费量即能源消费强度、人均GDP[①]，为了便于比较，GDP均按2005年不变价格计算。各省（市、区）分品种能源消费和碳排放量估算结果见附录"2000—2012年30个省能源消费分品种能源消费和碳排放量估算"。

二　区域碳排放特征比较

　　分析表3－10、表3－11和表3－12，可以得到以下几点结论：

――――――――――
　　[①]　由于重庆市的能源消费数据只有2000年开始才可利用，故这次计算的期限为2000—2012年；西藏自治区数据不全，这次没有包括。

表3-9　9种能源折标煤系数和碳排放系数（千克碳/千克标煤）

年份	煤炭折标煤系数 （千克标煤/千克）	能源	折标煤系数 （千克标煤/千克）	排放系数
2000	0.7464	煤炭		0.9714
2001	0.7320	焦炭	0.7476（千克标煤/千克）	0.8542
2002	0.7750	原油	1.4286（千克标煤/千克）	0.5851
2003	0.8194	汽油	1.4714（千克标煤/千克）	0.5656
2004	0.8340	煤油	1.4714（千克标煤/千克）	0.5708
2005	0.8327	柴油	1.4571（千克标煤/千克）	0.5915
2006	0.8055	燃料油	1.4286（千克标煤/千克）	0.6179
2007	0.7748	天然气	1.3300（千克标煤/立方米）	0.4478
2008	0.7737	电力	0.1229（千克标煤/千瓦时）	
2009	0.7268			
2010	0.6813			
2011	0.7312			
2012	0.7383			

表3-10　　2000年中国各省（市、区）能源消费和碳排放主要指标

地区	碳排放 （百万吨 二氧化碳）	能源消费 （百万吨 标煤）	人均碳排放 （吨二氧 化碳）	人均能源消费 （吨标煤）	能源强度 （吨标煤/万元GDP）	人均 GDP（元）
北京	66.7	41.4	4.89	3.04	1.03	29621
天津	53.9	27.9	5.39	2.79	1.38	20276
河北	141.1	112.0	2.11	1.68	1.90	8842
山西	124.7	67.3	3.84	2.07	2.84	7295
内蒙古	50.8	35.5	2.14	1.50	1.93	7764
辽宁	226.3	106.6	5.41	2.55	2.25	11301
吉林	57.7	37.7	2.15	1.40	1.73	8136
黑龙江	113.8	61.7	2.99	1.62	1.85	8747
上海	115.0	55.0	7.15	3.42	1.03	33222
江苏	127.2	86.1	1.74	1.18	0.85	13810
浙江	93.7	65.6	2.00	1.40	0.90	15639
安徽	68.0	48.8	1.12	0.80	1.47	5458

续表

地区	碳排放（百万吨二氧化碳）	能源消费（百万吨标煤）	人均碳排放（吨二氧化碳）	人均能源消费（吨标煤）	能源强度（吨标煤/万元GDP）	人均GDP（元）
福建	38.0	34.6	1.11	1.02	0.89	11429
江西	36.5	25.1	0.88	0.60	1.07	5638
山东	146.0	113.6	1.62	1.26	1.15	11021
河南	93.7	79.2	0.99	0.83	1.28	6495
湖北	88.9	62.7	1.57	1.11	1.55	7187
湖南	54.0	40.7	0.82	0.62	1.01	6142
广东	164.3	94.5	1.90	1.09	0.76	14339
广西	26.2	26.7	0.55	0.56	1.12	5032
海南	6.4	4.8	0.81	0.61	0.86	7094
重庆	33.5	24.3	1.17	0.85	1.18	7246
四川	65.8	65.2	0.79	0.78	1.51	5176
贵州	41.0	42.8	1.09	1.14	3.50	3252
云南	34.6	34.7	0.82	0.82	1.52	5370
陕西	46.3	27.3	1.27	0.75	1.18	6335
甘肃	54.4	30.1	2.16	1.20	2.54	4706
青海	7.5	9.0	1.45	1.74	2.93	5913
宁夏	11.3	11.8	2.04	2.13	3.23	6596
新疆	65.8	33.3	3.56	1.80	2.04	8828
全国	3722	1518	2.94	1.20	1.31	9161

资料来源：笔者根据有关年份《中国统计年鉴》进行估算、整理得出；GDP按照2005年不变价格计算。

表3-11　2005年中国省（市、区）能源消费和碳排放主要指标

地区	碳排放（百万砘二氧化碳）	能源消费（百万砘标煤）	人均碳排放（吨二氧化碳）	人均能源消费（吨标煤）	能源强度（吨标煤/万元GDP）	人均GDP（元）
北京	82.3	55.2	5.35	3.59	0.79	45315
天津	77.0	40.8	7.38	3.92	1.05	37463

续表

地区	碳排放（百万砘二氧化碳）	能源消费（百万砘标煤）	人均碳排放（吨二氧化碳）	人均能源消费（吨标煤）	能源强度（吨标煤/万元GDP）	人均GDP（元）
河北	323.0	198.4	4.71	2.90	1.98	14614
山西	240.3	127.5	7.16	3.80	3.01	12609
内蒙古	135.8	96.7	5.65	4.02	2.48	16250
辽宁	332.7	136.1	7.88	3.22	1.69	19065
吉林	93.5	53.2	3.44	1.96	1.47	13329
黑龙江	142.2	80.5	3.72	2.11	1.46	14434
上海	165.0	82.3	8.73	4.35	0.89	48923
江苏	265.8	171.7	3.50	2.26	0.92	24510
浙江	178.2	120.3	3.57	2.41	0.90	26884
安徽	91.5	65.1	1.49	1.06	1.22	8742
福建	72.7	61.4	2.04	1.73	0.94	18428
江西	64.2	42.9	1.49	0.99	1.06	9410
山东	386.8	241.6	4.18	2.61	1.32	19860
河南	191.4	146.2	2.04	1.56	1.38	11287
湖北	130.9	100.8	2.29	1.77	1.53	11541
湖南	105.6	97.1	1.67	1.53	1.47	10427
广东	263.6	179.2	2.87	1.95	0.79	24535
广西	53.8	48.7	1.15	1.04	1.22	8550
海南	12.3	8.2	1.48	0.99	0.92	10845
重庆	54.3	49.4	1.94	1.77	1.43	12394
四川	123.2	118.2	1.50	1.44	1.60	8993
贵州	64.9	56.4	1.74	1.51	2.81	5376
云南	93.9	60.2	2.11	1.35	1.74	7778
陕西	103.7	55.7	2.81	1.51	1.42	10660
甘肃	83.0	43.7	3.26	1.72	2.26	7599
青海	15.0	16.7	2.77	3.07	3.07	10002
宁夏	32.1	25.4	5.38	4.25	4.14	10275
新疆	105.8	55.1	5.26	2.74	2.11	12954
全国	5974	2684	4.57	2.05	1.45	14144

资料来源：笔者根据有关年份《中国统计年鉴》进行估算、整理得出；GDP 按照 2005 年不变价格计算。

表 3-12 2012 年各省（市、区）能源消费和碳排放主要指标

地区	碳排放（百万吨二氧化碳）	能源消费（百万吨标准煤）	人均碳排放（吨二氧化碳）	人均能源消费（吨标准煤）	能源强度（吨标准煤/万元 GDP）	人均 GDP（元）
北京	66.7	71.8	4.9	3.47	0.52	67300
天津	53.9	82.1	5.4	5.81	0.75	77313
河北	141.1	302.5	2.1	4.15	1.42	29138
山西	124.7	193.4	3.8	5.35	2.16	24832
内蒙古	50.8	197.9	2.1	7.95	1.77	44923
辽宁	226.3	235.3	5.4	5.36	1.24	43349
吉林	57.7	94.4	2.2	3.43	1.02	33582
黑龙江	113.8	127.6	3.0	3.33	1.06	31314
上海	115.0	113.6	7.2	4.77	0.62	76775
江苏	127.2	288.5	1.7	3.64	0.67	54106
浙江	93.7	180.8	2.0	3.30	0.65	50541
安徽	68.0	113.6	1.1	1.90	0.89	21297
福建	38.0	111.9	1.1	2.98	0.71	41838
江西	36.5	72.3	0.9	1.61	0.77	20860
山东	146.0	389.0	1.6	4.02	0.94	42672
河南	93.7	236.5	1.0	2.51	0.99	25438
湖北	88.9	176.7	1.6	3.06	1.11	27674
湖南	54.0	167.4	0.8	2.52	1.05	24005
广东	164.3	291.4	1.9	2.75	0.60	45486
广西	26.2	91.5	0.6	1.96	0.96	20398
海南	6.4	16.9	0.8	1.90	0.82	23194
重庆	33.5	92.8	1.2	3.15	1.01	31235
四川	65.8	205.7	0.8	2.55	1.13	22501
贵州	41.0	98.8	1.1	2.84	2.08	13615
云南	34.6	104.9	0.8	2.24	1.35	16637
陕西	46.3	106.3	1.3	2.83	1.05	26929
甘肃	54.4	70.1	2.2	2.72	1.68	16155
青海	7.5	35.2	1.4	6.15	2.75	22377
宁夏	11.3	45.6	2.0	7.05	3.28	21490
新疆	65.8	118.3	3.6	5.30	2.19	24173
全国	3722	4360	2.9	3.22	0.86	37613

资料来源：笔者根据有关年份《中国统计年鉴》进行估算、整理得出；GDP 按照 2005 年不变价格计算。

（1）2000—2012年，无论是碳排放量还是能源消费量，其人均水平量和总量，都随着经济发展水平的提高而增长，只是增长幅度有些差别，这反映了各地区的经济发展对能源和碳排放的强依赖性。图3－12给出了2000—2012年各地区碳排放总量增长幅度和人均GDP年均增长率排序，其中，海南省、宁夏回族自治区和内蒙古自治区碳排放总量增长幅度位列前三，增长幅度分别为8.6%、7.0%和5.8%，远高于全国平均水平2.4%。低于全国平均水平的只有北京市、上海市等9省（市、区）。2012年碳排放总量居于前三位的有山东省、河北省和辽宁省，这三地总量占全国碳排放总量的19%（见表3－12）。

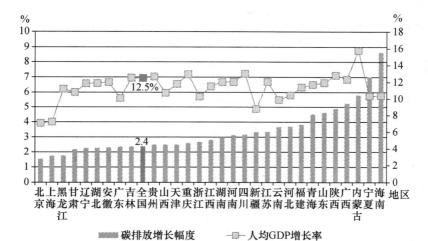

图3－12　2000—2012年各地区碳排放总量增长
幅度和人均GDP增长率排序

注：人均GDP按照2005年不变价格计算。

从图3－12也可发现，2012年相对于2000年碳排放总量增长幅度低于全国平均水平的省（市、区），其人均GDP年均增长率也低于人均GDP全国平均年均增长率（12.5%）当然，碳排放增长幅度高于全国平均水平的省（市、区），其人均GDP增长率大部分也低于全国平均值。因为碳排放总量的增长并不仅仅与经济发展水平有关。

（2）从人均碳排放量分析，也就是消除了人口增长对碳排放的影响，总体来说，各省（市、区）人均碳排放量在 2000—2012 年都具有不同程度的增长。2012 年，人均碳排放量高于全国平均水平的有 9 个省（市、区）（见图3－13），人均碳排量位列前三的包括宁夏回族自治区、内蒙古自治区、辽宁省，分别达到 12.1 吨二氧化碳、11.8 吨二氧化碳、11.6 吨二氧化碳，远高于全国人均碳排放平均值 6.5 吨二氧化碳。人均排放量处于最低端的有江西省、湖南省、四川省，都属于农业大省。从各省（市、区）人均 GDP 和人均排放量排序的关系分析（见图3－14），两者没有必然联系。

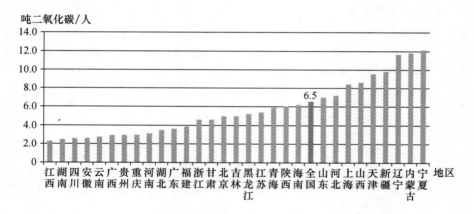

图 3－13　2012 年各地区人均碳排放量排序

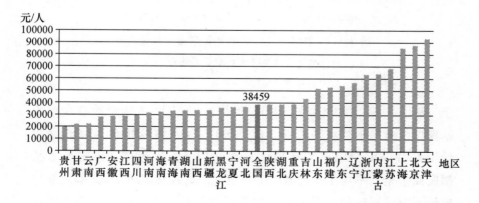

图 3－14　2012 年各地区人均 GDP 排序（当年价）

　　但是，需要指出的是，上海市和北京市是个例外（见图 3 –
15），这两地的人均碳排放量在研究期内出现峰值后总体趋于下降。
其中，北京市在 2007 年人均排放量达到峰值 5.6 吨二氧化碳，上海
市在 2005 年达到峰值 8.7 吨二氧化碳。

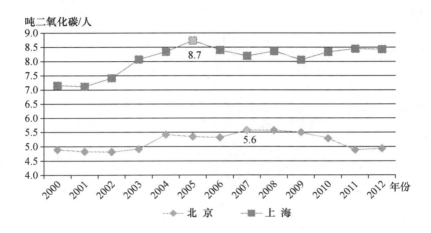

图 3 – 15　2000—2012 年北京市、上海市人均碳排放量

　　（3）2000—2012 年，各地区能源效率都有不同程度的提高，除
了个别省（市、区）（见图 3 – 16）。研究期内全国能源效率提高
（即能源强度下降）3.5%，高于全国能效平均增长率的有北京市、
天津市等 8 个省（市、区），其中，北京市能源效率提高最大，达
5.6%。而新疆维吾尔自治区、湖南省、宁夏回族自治区的能源强
度是增大的，这是由于这三地的能源强度在研究期间达到峰值，然
后下降，但 2012 年值仍高于 2000 年值，从而造成了能源强度增大
（见图 3 – 17）。达到峰值后，湖南省、宁夏回族自治区都呈现出下
降趋势，但新疆维吾尔自治区近几年能源强度仍趋于增大。
　　（4）碳排放强度即万元 GDP 碳排放量可以粗略反映一个地区的
碳生产率水平。2012 年，碳排放强度最低的三个地区是北京市、广
东省、浙江省（见图 3 – 18），万元 GDP 产出需排放二氧化碳分别
为 0.73 吨二氧化碳、0.80 吨二氧化碳、0.91 吨二氧化碳；碳排放

强度最大的三个省（市、区）分别为宁夏回族自治区、新疆维吾尔自治区、山西省，远高于全国平均水平 1.74 吨二氧化碳/万元 GDP。

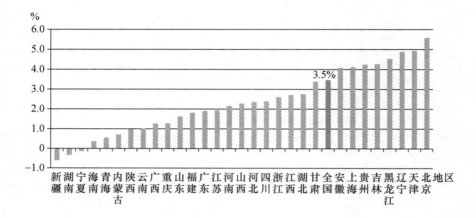

图 3 - 16　2000—2012 年各地区能源效率年均增长率

注：GDP 按照 2005 年不变价格计算。

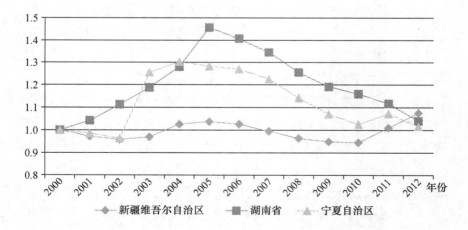

图 3 - 17　2000—2012 年新疆维吾尔自治区、湖南省和宁夏回族自治区能源强度指数变化（2000 年指数值 = 1）

吨二氧化碳/万元GDP

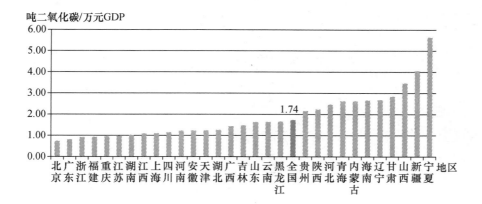

图 3 - 18 2012 年各地区碳排放强度排序

注：GDP 按照 2005 年不变价格计算。

（三）区域人均碳排放的 LMDIII 指数分解结果

根据前文分析，影响各地区碳排放变化的有经济、人口、能源等因素，消除人口因素的影响，我们分析各地区人均碳排放量增长幅度的差异，运用第二章的指数分解模型（2 - 10），对影响各地区的人均碳排放变化的驱动因素进行分解。考虑到数据的可利用性，各个地区缺少分部门的碳排放数据，即不考虑分行业的影响。另外，这次分解我们也考虑了电力的间接碳排放，因为对于一个地区来说，分析电力因素的影响对于能源消费和碳排放都是不可忽视的。由于电力的碳排放系数（见表 2 - 3）每年都是有变化的，因此，在分解模型（2 - 4）中，我们不能忽略能源排放系数（k_i）对人均碳排放变化的影响。也就是说，区域人均碳排放量变化是由以下四种效应引起的：能源碳排放系数效应（DH_{kt}），反映能源消费中低碳能源所占比例的变化对人均碳排放量的影响，与能源结构效应有一定的类似；能源消费结构效应（DH_{et}）；能源强度效应（DH_{It}）（能源效率效应）；经济水平效应（DH_{Gt}）。所以，这里有必要对模型（3 - 1）和模型（3 - 2）稍作变动处理，区域人均碳排放 LMDIII 的乘法公式如（3 - 2′）所示。

$$H_t = C_t/P_t = \sum_i^m k_{it} \times e_{it} \times I_t \times G_t \qquad (3-1)$$

$$DH_t = H_t/H_{t-1} = DH_{kt} \times DH_{et} \times DH_{It} \times DH_{Gt} \qquad (3-2)$$

$$DH_{Gt} = \exp\left(\sum_i \frac{L(W_{i,t}, W_{i,t-1})}{L(W_t, W_{t-1})} \ln \frac{G_t}{G_{t-1}} \right) \qquad (3-2)'$$

$$DH_{kt} = \exp\left(\sum_i \frac{L(W_{i,t}, W_{i,t-1})}{L(W_t, W_{t-1})} \ln \frac{k_{i,t}}{k_{i,t-1}} \right)$$

$$DH_{et} = \exp\left(\sum_i \frac{L(W_{i,t}, W_{i,t-1})}{L(W_t, W_{t-1})} \ln \frac{e_{i,t}}{e_{i,t-1}} \right)$$

$$DH_{It} = \exp\left(\sum_i \frac{L(W_{i,t}, W_{i,t-1})}{L(W_t, W_{t-1})} \ln \frac{I_{i,t}}{I_{i,t-1}} \right)$$

其中，$W_{i,t} = C_{i,t} / \sum_i C_{i,t}$，$L(W_t, W_{t-1}) = \sum_i L(W_{i,t}, W_{i,t-1})$

各地区人均碳排放变化的 LMDⅢ模型分解结果，如表 3-13 所示，表中仅列出 2000—2012 年各地区人均碳排放变化 LMDⅢ分解结果及各种效应的贡献率。对于全国人均碳排放分解，由于所用能源为一次能源及分品种能源，所涉及的电力为核能、水能等属于"零碳"排放，故碳排放结构中没有电力碳排放数据，所以，碳排放系数效应均为 1，即碳排放系数没有随着时间而变化，对人均碳排放的变化不起作用。

表 3-13　2000—2012 年各地区人均碳排放变化 LMDⅢ分解结果

地区	能源结构效应（贡献率）	能源强度效应（贡献率）	经济水平效应（贡献率）	排放系数效应（贡献率）	人均碳排放总效应（变化率）	真实值（2012年/2000 年）
北京	1.277（196%）	0.422（-408%）	2.272（899%）	0.932（-48%）	1.142（14.2%）	1.142
天津	1.054（6.3%）	0.446（-65%）	3.813（330%）	1.033（3.8%）	1.853（85.3%）	1.853
河北	1.047（2%）	0.851（-6%）	3.295（100%）	1.124（5%）	3.301（230%）	3.301
山西	1.103（7%）	0.662（-24%）	3.404（173%）	0.962（-3%）	2.393（139%）	2.393

续表

地区	能源结构效应（贡献率）	能源强度效应（贡献率）	经济水平效应（贡献率）	排放系数效应（贡献率）	人均碳排放总效应（变化率）	真实值（2012年/2000年）
内蒙古	1.062 (1%)	1.010 (0.2%)	5.786 (98%)	0.949 (-1%)	5.890 (489%)	5.890
辽宁	1.019 (2%)	0.527 (-42%)	3.836 (252%)	1.032 (3%)	2.126 (113%)	2.126
吉林	0.967 (-3%)	0.583 (-32%)	4.127 (240%)	0.988 (-1%)	2.301 (130%)	2.301
黑龙江	0.918 (-11%)	0.543 (-60%)	3.580 (336%)	0.991 (-1%)	1.767 (76.7%)	1.767
上海	1.150 (57%)	0.490 (-193%)	2.311 (497%)	0.971 (-11%)	1.264 (26.4%)	1.264
江苏	1.087 (3.6%)	0.797 (-8.4%)	3.918 (121%)	1.007 (0.3%)	3.419 (242%)	3.419
浙江	1.127 (7.7%)	0.758 (-15%)	3.232 (135%)	0.960 (-2.4%)	2.651 (165%)	2.710
安徽	1.120 (7%)	0.657 (-20%)	3.902 (172%)	0.936 (-4%)	2.686 (169%)	2.743
福建	0.953 (-2%)	0.954 (-2%)	3.661 (119%)	0.974 (-1%)	3.242 (224%)	3.344
江西	1.075 (4%)	0.711 (-16%)	3.700 (148%)	1.000 (0.0%)	2.830 (183%)	2.867
山东	0.934 (-2%)	1.077 (3%)	3.872 (100%)	0.993 (-0.3%)	3.869 (287%)	3.869
河南	0.981 (-1%)	0.789 (-9%)	3.916 (123%)	1.110 (5%)	3.363 (236%)	3.363
湖北	1.057 (4%)	0.634 (-26%)	3.851 (199%)	0.942 (-4%)	2.432 (143%)	2.432
湖南	0.997 (-0.1%)	0.837 (-8%)	3.909 (137%)	0.956 (-2%)	3.118 (212%)	3.163

续表

地区	能源结构效应（贡献率）	能源强度效应（贡献率）	经济水平效应（贡献率）	排放系数效应（贡献率）	人均碳排放总效应（变化率）	真实值（2012年/2000年）
广东	1.043 (4%)	0.690 (−26%)	3.172 (185%)	0.953 (−4%)	2.175 (117%)	2.175
广西	1.023 (0.7%)	1.045 (1.4%)	4.054 (94%)	0.978 (−0.7%)	4.237 (324%)	4.250
海南	1.011 (0.2%)	2.137 (21%)	3.270 (43%)	0.894 (−2%)	6.312 (531%)	6.312
重庆	1.021 (1.6%)	0.540 (−35%)	4.310 (253%)	0.972 (−2.1%)	2.309 (131%)	2.309
四川	1.186 (7.3%)	0.695 (−12%)	4.347 (131%)	0.989 (−0.4%)	3.546 (255%)	3.546
贵州	1.090 (5%)	0.670 (−18%)	4.187 (174%)	0.924 (−4%)	2.828 (183%)	2.828
云南	1.093 (4.0%)	1.027 (1.2%)	3.098 (89%)	0.965 (−1.5%)	3.357 (236%)	3.357
陕西	0.863 (−4.5%)	1.148 (4.8%)	4.251 (106%)	0.966 (−1.1%)	4.071 (307%)	4.071
甘肃	1.041 (2.9%)	0.683 (−23%)	3.433 (175%)	0.979 (−1.5%)	2.389 (139%)	2.389
青海	1.087 (2.8%)	1.028 (0.9%)	3.784 (89%)	0.979 (−0.7%)	4.141 (314%)	4.141
宁夏	0.914 (−1.9%)	1.885 (20%)	3.258 (51%)	0.974 (−0.6%)	5.469 (447%)	5.469
新疆	0.996 (−0.2%)	1.128 (6%)	2.738 (82%)	1.018 (0.8%)	3.131 (213%)	3.131
全国	0.974 (−2.1%)	0.558 (−36%)	4.106 (252%)	1.000 (0.0%)	2.230 (123%)	2.230

　　注：有个别地区的分解量不等于真实值，是由于这些省（市、区）在某几年缺少天然气的消费数据。

分析表 3 – 13，可以得到以下几点结论：

（1）总体来说，各地区人均碳排放量随着经济发展水平的提高而增加，但增加幅度不同，即经济发展水平的提高起着正向促进作用。其中，海南省、内蒙古自治区、宁夏回族自治区增长幅度最大，2012 年人均碳排放分别比 2000 年增加了 531%、489%、447%。而增加幅度最小的是北京市、上海市、黑龙江省，2012 年分别比 2000 年增加了 14%、26%、77%。

（2）各地区引起人均碳排放量变化的主要驱动因子，除了经济发展水平效应，另一个主要因子是能源强度效应。随着能源强度的提高，人均碳排放量增加，而能源强度降低，则碳排放减少，即能源效率的提高有助于碳排放量的下降。大部分地区在研究期内能源强度都有不同程度的下降，因而，能源强度效应一般都起着抑制人均碳排放的增加。但在少数地区，能源强度效应也起着促进作用，如西北五省（区），除了甘肃省，其能源强度是增加的，其他还有云南省、海南省、山东省、内蒙古自治区。

（3）能源结构效应和能源碳排放系数效应对碳排放变化有正向和反向作用，贡献率一般都比较低；同一个省（市、区），这两者的作用往往也不一致。比如广东省，2012 年人均碳排放比 2000 年增加了 117%，其中，经济水平的提高对碳排放增加贡献了 185%，能源强度的下降对碳排放减少贡献了 – 26%，而能源消费结构的改变对碳排放的增加贡献了 4%，但总体能源碳排放系数的改变却对碳排放减少贡献了 – 4%。这与广东省能源消费结构的变动有关（见图 3 – 19），因为我们在计算碳排放时考虑了电力部门的间接碳排放，而 2012 年煤炭、电力的消费比例增加了近 8 个百分点，故导致人均碳排放增加，但同时由于石油制品的碳排放系数比较高，2012 年石油比例下降了近 13 个百分点，故总体碳排放系数是下降的。

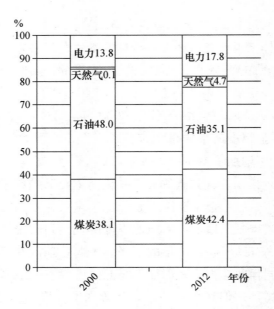

图 3－19   2000 年和 2012 年广东省能源消费结构的变动

第四章 情景分析和 IPCC 排放情景

第一节 情景分析概述

一 情景定义

情景至今没有一个统一的学术定义，情景分析是探索未来不确定性的强有力工具。也就是说，未来的结果以及达到未来结果的路径有可能不是唯一的，存在多种可能性，对可能出现的未来以及实现这种未来的途径的描述构成了一个情景。情景就是对未来情形以及能使事态由初始状态向未来状态发展的一系列事实的描述。

情景分析不同于预测，后者的目标并不是探究可能的未来或者所期望未来的可能性，只是描述在过去和现在的发展因素的推动下，最有可能发生的未来，即预测属于利用过去来推断未来的外推法。而情景是在对一系列重要内在关系和驱动因子所做的协调、一致和合理假设的基础上，为世界或地区提供未来发展的可能状态（Carter et al.，1994）。从时间维度看，预测适用于短期，因为决定事态发展的因素在短期内可以认为是恒定的或者已知的，而在一个长期背景下，趋势和行为关系可能发生关键性变化，这时就需要情景分析（李玉红等，2010）。情景分析法的最大优势是能发现未来变化的某些趋势和避免过高或过低估计未来的变化及其影响的决策错误。

　　根据国外一些学者的研究，情景分析具有以下本质特点（Kees Van Der Heijden，2004）：

　　（1）认为未来的发展是多样化的，有多种可能发展的趋势，其预测结果也将是多维的。

　　（2）特别注意对事物发展起重要作用的关键因素和协调一致性关系的分析。

　　（3）情景分析中的定量分析与传统趋势外推型定量分析的区别在于：情景分析在定量分析中嵌入了大量的定性分析，以指导定量分析的进行，所以是一种集定性与定量分析于一体的新预测方法。

　　（4）情景分析是一种对未来研究的思维方法，它所使用的技术方法手段大都来源于其他相关学科，重点在于如何有效地获取和处理专家的经验知识，这使得情景分析具有心理学、未来学和统计学等学科的特征。

　　情景一般包括可供选择的未来范围。社会经济基准情景描述了所有非环境驱动因素目前的状态。这些因素可能是地理因素（如土地使用）、科技因素（如污染控制）、管理因素（如树木种植）、立法因素（如空气质量标准）、经济因素（如日用品价格）、社会因素（如人口）、政治因素（如土地使用期限），以及文化因素（如慈善、博爱）（IPCC，1996）。同时，还需要识别关键变量，是指在研究期内有可能发生重要改变，而且将会对系统的敏感性和适应性产生深刻的影响。因此，气候变化影响评估模型一定要结合人口增长、经济发展和技术进步等关键驱动因子的变化。

二　社会经济情景构建的必要性

　　社会经济情景的构建是气候变化分析中不可或缺的内容，是进行气候模拟、评估气候变化的影响和脆弱性、选择减缓和适应气候变化的对策措施以及分析气候变化相关政策的工具和基础。我们知道，未来社会经济的变化是不确定的，而气候变化的影响是存在的，并且对当今和未来世界的影响是不同的。那么，探究未来几十年世界或区域的社会经济如何变化，以及将如何改变对气候变化的影响和适应性是很重要的。这就是开发社会经济情景必要性的所在。

图 4 - 1 简要地描述了社会经济情景在气候变化减缓适应性、影响研究中的重要性。社会经济情景不仅和气候情景一起提供了驱动影响评估模式的必要输入，同时还提供了气候变化适应性以及减缓适应性的社会经济背景。如果不对未来的社会经济情形有所了解，我们就不可能评估人类社会对气候变化的脆弱程度。

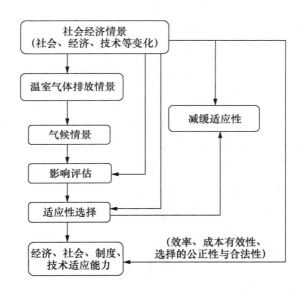

图 4 - 1　社会经济情景在气候变化影响评估中的作用

为了评估气候变化的潜在影响，需要构建气候情景和社会经济情景来驱动影响模式。对于影响评估研究来说，由于气候情景和社会经济情景都是分析所必需的，因此，构建与气候情景相一致的社会经济情景至关重要，任何分析的可信度都将极大地取决于不同情景之间内在和外在的一致性。尽管影响研究通常局限于区域或地区尺度，但是，必须在更高一级尺度的背景（如国家、区域或全球尺度）下来考虑它们。因此，不同尺度上的情景也应该具有内在的一致性，这样，才能更好地解释影响评估的结果。

三 社会经济情景构建的步骤和方法

未来全球气候变化的趋势主要取决于人类社会的发展，为了进行气候变化影响、脆弱性和适应性评估研究，需要构建未来变化情景。相对于气候情景的构建，社会经济情景构建则更加复杂，因为各驱动因子之间没有确定的物理作用过程，而且变化无常，存在很大的不确定性。

一般而言，社会经济情景构建包括两个过程（见图4-2），主要指标是背景因子的设定分析阶段和情景的计算分析阶段，即定性分析和定量分析两个阶段。设定分析阶段是得到定量综合情景结果的必要前提。情景的设定包括关键因子设定和一些重要内在关系设定，首先，确定情景的描述因子即所要研究对象具有什么样的特点和内在联系，并进行完整的定性描述，构建未来的发展框架。其次，对一些重要关系和因素设定量化的相关参数。最后，情景计算和分析。基于这些量化关系，应用经济模型、能源模型、环境模型等综合模型来模拟未来主要社会、经济、能源、土地利用和环境生态等指标的发展趋势。因此，从描述方式看，情景构建可以是对未

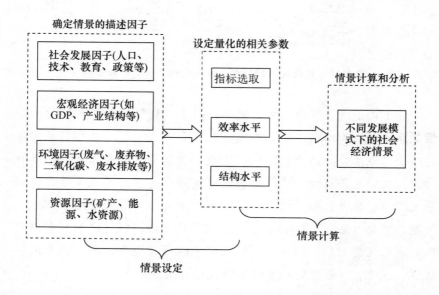

图4-2 社会经济情景构建

来特征的定性描述，或者是数量表达，或者是定性与定量的综合方式；从分析手段看，情景构建包括面向宏观经济总量的从上向下法和面向具体技术或部门的由下向上法两种方法。这两种方法的结合使用，对于开发一个合理社会经济情景是不可缺少的。

例如，对于能源需求的情景构建，其分析基本步骤如下：

第一步，收集影响能源发展前景的主要因素（如政策、技术等），可以从回顾分析过去几十年能源发展状况中得到。

第二步，接着构建这些影响因素的框架。

第三步，进行情景设定，采用定性与定量分析相结合的方式，对影响能源供求的宏观社会经济因素和政策因素以及未来可能的演变趋势进行定性分析，并进行量化。

定性分析考虑了未来 20 年可能出现的产业结构调整、能源政策变化等不确定因素可能对能源需求产生的影响。具体参数设置采用专家评估方法，并利用收集的资料和数据，对量化数据进行对比校正。接着根据不同专家对不同领域的展望，设定几个不同的未来能源发展前景。对不同方案的情景设定、量化指标进行评述。将量化指标输入相应的模型，对得出的结果进行定量分析。最后根据模型预测的结果，结合实现这些目标的情景假定条件，提出不同层面的政策措施，从而为有关部门提供决策依据。

第二节　国际上主要社会经济情景

除了 IPCC 提供了气候变化社会经济情景家族（Special Report on Emissions Scenarios，SRES）（IPCC，2000a），一些国际研究机构也开发出了一些社会经济情景。在某些情况下，这些情景专门关注能源系统最后会如何改变，在其他情况下这些情景包含更详细的描述，描述未来期待的社会经济如何实现。开发这些详细的情景可以用于许多研究中。综观当前社会经济情景开发的方法，主要可分为两大类：用于评估温室气体的排放路径和评估不同部门的影响，如谢尔（Shell）情景和世界能源理事会（WEC）/国际应用分析系统协会（IIASA）情景就是为全球提供未来能源使用的不同方案；而GEO（全球环境展望）、UKCIP（UK Climate Impacts Programme）、IPCC 的 SRES 和美国国家评估情景描述了不同的社会经济发展模式。在区域尺度上，前两个是全球性的，后两个是国家级别的。以下为目前国际上已采用的主要社会经济情景开发方法。

一　谢尔情景

谢尔开发了两个长期（50 年）的能源情景来了解能源系统会如何改变。在与煤的进化和煤气到可再生能源（或可能的核能）形成对照的是，两个情景利用的燃料电池和更先进的碳化氢技术以及二氧化碳隔离支持的氢经济的潜力。

情景 A：假设世界是干净的、具有安全的社会优先权，基本具备可持续的能源系统。公众关注与地方空气质量和气候驱动力紧密相关的环境标准。这导致了最新的技术传播，但由于不景气的电力需求、无法解决的储藏和计划障碍，后来延迟了。建议核能可能会成为卷土重来的一部分。通信和材料技术的进步使生产力能够增长，减少了材料和能源需求。自由化和信息科技的过程允许知识更容易地传播，更容易地发展。

情景 B：开发符合能源需求的最佳方式是符合消费者偏爱。信息和通信技术占优势。汽车工业会把它的焦点移到无论何处都可以得到的燃料电池。远在石油没有耗尽之前，新技术提供的优势推动转向了氢。可再生能源的制造开始稳定，但是，由于微小的进步直到 2025 年才会普及到农村。人们将在城市定居，因此，乡村能源需求更进一步减少。而且最后转向燃料电池创造的快速扩张，对氢的需求直到 21 世纪左右才会出现。大量的氢需求会促进固体氢的储藏和可再生能源技术的发展。

二　IIASA － WEC 情景

这项研究基本上描述了六个情景，三个可选择的未来能源情形。本书整合了 2020 年的近期策略和 2050 年的长期机会，甚至更远；分析了确定一致性的其他可能的未来；考虑了科技进步的动态性；

协调了区域目标和全球的可能性；而且考虑了新的发展。三个情形分为六个情景。

　　情形 A：描述了未来巨大的科技进步和接连发生的高速经济增长。它包括在能源供应中强调关键发展的 A1、A2 和 A3 三个高增长情景。未来它们的主要变化是不同的，一方面，它们依靠煤；另一方面是核能和可再生能源。在情景 A1 中，未来有大量的石油和天然气资源。石油和天然气的优势持续到 21 世纪末。情景 A2 假定石油和天然气资源是稀少的，也就是说，可知的储量有限，导致对煤的庞大需求。在情景 A3 中，核能和可再生能源技术迅速进步，导致化石燃料为经济理由时期的结束并非由于资源缺乏。

　　情形 B：这是"中性"情景。它描述的未来也许更现实，科技进步和经济增长都处于中间。结合了经济增长和科技发展的更适度的估计，贸易壁垒的终结，促进国际交流新协议的扩张。

　　情形 C：呈现了生态驱动的未来。它包括实质性的科技进步和明确地以环保和国际公平为中心的空前的国际合作两部分，以及实质性的资源从工业化国家转移到发展中国家。包括 C1 和 C2 两个情景。在情景 C1 中，核能是 21 世纪末最终被完全淘汰的短暂技术。在情景 C2 中，发展了新一代核反应堆，它本质上是规模小和安全的而且得到了社会广泛的接受。

　　所有三个情形都提供了实质上的社会经济发展，特别是对发展中国家。它们提供了改良的能源效率和环境的相容性，因而能源服务的数量和质量都得到了增长。综观所有三个情形，最后的能源结构以同样的方式发展，而且能源强度稳定提高。为了要在三个情形之中容易比较，都分享一样的人口基线，假定全球人口到 2050 年增长到 100 亿，2100 年接近 120 亿。

　　按照单位一次能源的贡献分为六个情景，即一次能源中煤炭供应占多大比例、石油供应占多大比例，等等。因为发电厂、精炼厂和其他能源投资的生命周期长，在情景中没有充足的资金流量在 2020 年之前允许它们进行重要的划分。但是，2020 年后，在能源系统结构中将出现更细的分类，这是基于 R&D 成就、早期的市场配置、投资干涉和技术扩散策略。是现在和2020年的这些决策将会决定2020年后发展的不同路径。

总之，这些情形反映了能源原始使用形式的持续普遍的转换，例如，从煤和生物量的传统的直接使用到能源转变和传送的复杂系统。变化在所有的情形中继续，导致更复杂的能源系统和更高质量能源传送者。第二个深刻的变化是能源被专用的传送系统来传送，例如管道和网络。通过区域基本不同的一次能源供应结构，这个发展提高了贸易的可能性和促进了类似的终端使用方式。最后，终端能源模式的变化反映了情景描述的经济结构变化。当收入增加时，交通、住宅和商业的能源使用也增加了。

三 IPCC 情景

IPCC 排放情景特别报告（SRES）是在对现有的众多排放情景进行全面回顾和综合分析的基础上，为未来世界设计了四种可能的社会经济发展框架或称为定性情景，并在来自不同国家的六个模式小组的帮助下对相关假设和特征进行了量化，从而衍生出四个情景族共40个温室气体排放情景（Nakiéenovié，2000）。IPCC 的 SRES 为区域规模的影响评价和适应性提供了一个全球性社会经济框架。从图4-3和表4-1可以看出，SRES 情景假设了完全不同的未来世界发展方向，这些发展选择实现的可能性并不只是基于对当前经济、技术和社会趋势的外推。在 SRES 情景中，考虑的影响温室气体排放的主要驱动因素为人口、经济、技术、能源和农业（土地利用），并且这些主要驱动因素的未来变化是相互关联的。SRES 情景考虑的社会经济发展的主要方向包括全球性或区域性经济发展，以及侧重于发展经济或致力于保护环境；考虑的未来世界发展框架主要归结为 A1、A2、B1 和 B2 四种。无论从定性框架，还是从定量数值来看，不同情景家族之间的差异都很大。例如，A1 和 B1 情景家族都倾向于全球趋同，而 A2 和 B2 情景家族则更多地着眼于区域发展；两个 A 情景家族都致力于发展经济，而两个 B 情景族则倾向于可持续发展，协调考虑经济增长与环境保护。根据 SRES 情景，未来温室气体排放在很大程度上将取决于人们的选择，例如，经济结构调整、对不同能源的开发以及如何利用土地资源，等等。其中，SRES 情景选择了三种不同的人口预测（高、中、低），以反映未来人口变化的不确定性范围；与此同时，SRES 情景考虑了比 IS92 情景更广泛的能源结构，以反映未来矿物燃料资源以及技术的可能变化。

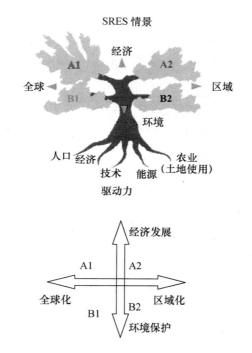

图 4 – 3 SRES 情景家族社会经济假设示意

总的来说，SRES 情景描述了 40 个情景，分成 A1、B1、A2 和 B2 四个主要情景家族。

A1 情景家族（高经济发展情景）：未来世界经济高速增长，但人口增长缓慢。经济快速发展的主要驱动因素包括高劳动力资本（高教育水平）、技术进步和普及以及自由贸易等。主要特征是地区间的融合、能力建设、日益增加的文化和社会的相互影响；同时大幅度降低人均收入的地区性差异，在 2100 年，发展中国家人均 GDP 约为 7 万美元，而同期 OECD 国家的人均 GDP 为 10 万美元左右。人们追求的是个人福利而不是环境质量。由于不同的能源供应方式会产生不同的排放途径，因此该情景族包括四组情景，以分别描述能源系统中技术变化的不同方向反映的未来世界。

A2 情景家族（区域资源情景）：未来世界的发展很不均匀，不同地区间人口出生率的趋同极为缓慢，因而导致全球人口的持续增长。到 2100 年，发达国家人均 GDP 约为 7 万美元，发展中国家人均 GDP 约为 1.2 万美元。主要特征是自力更生、保护区域特性、强调家庭价值和当地传统。经济发展主要依赖国内或区域资源，区域化的资源利用导致能源供应依赖能源资源的分布。由于人类智力资源无法得到充分利用，技术进步相对缓慢，可再生能源的利用无法大规模进行，存在区域间的贸易壁垒。人均经济增长和技术变化速度要慢于其他情景族。

B1 情景家族（全球可持续发展情景）：未来世界更为趋同，和 A1 情景家族一样，全球人口在 21 世纪中叶达到峰值，随后减少，但是，经济结构向服务业和信息经济快速转变，材料强度降低，并引入清洁生产技术和更有效利用资源的技术。到 2100 年，发达国家人均 GDP 约为 7 万美元，发展中国家人均 GDP 约为发达国家的一半。主要特征是世界各国对环境保护达成共识，着重全球性解决经济、社会和环境的可持续发展问题，包括改善公平。

B2 情景家族（区域可持续发展情景）：世界体现出区域化倾向，全球人口持续增长，但增长速度比 A2 情景家族慢；经济发展速度中等，与 B1 情景家族和 A1 情景家族相比，技术变化的速度较为缓慢且变化多样。到 2100 年，发达国家人均 GDP 约为 6.5 万美元，发展中国家人均 GDP 约为 1.2 万美元。主要特征是未来世界着重于区域性解决经济、社会和环境的可持续发展问题。尽管该情景也是致力于环境保护和社会公平，但重点在局地和区域水平。

可见，SRES 不仅提供了一系列驱动全球气候模式的温室气体排放情景，而且还提供了经济、人口、能源和土地利用变化方面的预测资料，这就为我们立足于 SRES 框架来构建国家或更小空间尺度上的社会经济情景提供了研究基础。

表 4 - 1　　　　　　　　SRES 情景家族主要驱动因子的变化

情景	人口	经济	环境	公平	技术	全球化
AIFI	↷	↗	↘	↗	↗	↗
A1B	↷	↗	↗	↗	↗	↗
A1T	↷	↗	↗	↗	↗	↗
B1	↷	↗	↗	↗	↗	↗
A2	↗	↗	↗	↗	↘	
B2	↗	↗	↗	↗	↘	

　　在 40 个 SRES 情景中，不存在最重要或"最佳"的情景，对单个情景没有给出其发生的概率或可能性；建议同等对待所有的排放情景，或者说，这些排放情景被认为是同等可靠的。尽管如此，为了简化应用，SRES 报告对每个情景家族都指定了一种情景作为主导情景（见表 4 - 2）。这意味着，对于某一特定的情景家族，其主导情景被认为是最能代表该情景家族的基本特征。后面的研究主要是基于这四种主导情景家族的框架和数据，如果没有特别指出的话，当提到 A1 情景家族时，指的是 A1 情景家族的主导情景，而不是包括 A1 情景家族中所有情景的一般性术语；A2 情景家族、B1 情景家族和 B2 情景家族的含义也是如此。

表 4 - 2　　　　　　　　SRES 四种情景家族的主导情景

情景家族	主导情景
A1	共有 17 个 A1 情景，其中由 AIM 模式针对 A1B 构建的情景被指定为主导情景
A2	共有 6 个 A2 情景，其中由 ASF 模式构建的情景被指定为主导情景
B1	共有 9 个 B1 情景，其中由 IMAGE 模式构建的情景被指定为主导情景
B2	共有 8 个 B2 情景，其中由 MESSAGE 模式构建的情景被指定为主导情景

四 GEO 情景

全球环境展望（Global Environmental Outlook，GEO），是联合国环境规划署（UNEP）对全球环境状态、政策反应回顾和未来展望的综合评估。1997 年开始发布第一份评估报告《全球环境展望 - 1》，2000 年发布第二份报告《全球环境展望 - 2》，2002 年发布第三份报告《全球环境展望 - 3》，目前最新发布的是 2012 年第五份报告《全球环境展望 - 5》。报告的展望部分即对未来可能挑战的情景分析。

《全球环境展望 - 3》框架提供了范围广泛的可能未来情形。在这个框架中简述了四种可能的路径是：

（1）传统发展：市场驱动的全球发展导致向占优势的价值观和发展模式集中。

（2）政策改革：新增的政策调整引导传统发展接近环境和减少贫穷的目标。

（3）世界防御：由于社会经济和环境压力增加，世界面临分裂、极端不平等和普遍的冲突减少。

（4）巨大的转变：与可持续的挑战、多元化、星球团结、新的价值观和社会的区别响应，一个新的发展范式出现。

《全球环境展望 - 3》情景展现了南亚区域 2015 年和 2030 年传统发展和政策改革情景的量化，以 1995 年为基准年。这个区域包含印度、巴基斯坦、阿富汗、伊朗、尼泊尔、孟加拉、不丹和斯里兰卡。

两个情景显示了以 1995 年为基准年的人口增长，传统发展情景的增长率稍高。两个情景的增长率都在 2015 年之后几乎达到稳定。两个情景的城市化戏剧性地以相同的比率增加，但是，2015 年后相对慢下来。两个情景的区域经济增长是显著的，但 2015 年后传统发展情景的增长率相对较慢。在两个情景中，有迹象表明，区域中依靠农业的经济在减少，服务部门对 GDP 的贡献在增加。更公平的收入增长分配在政策改革中被提议而在传统发展情景中没有，显示了后一个情景加大了贫富差距。表 4 - 3 说明了设想的南亚区域人口和 GDP 增长的趋势。

表 4 - 3　　　　　　　　　人口、经济增长率全球环境展望情景

全球环境展望（南亚）	增长率（2015—1995 年）	增长率（2032—2015 年）
人口增长率		
传统发展	2.07	0.28
政策改革	1.97	0.23
经济增长率		
传统发展	5.04	2.99
政策改革	5.61	3.50

五　UKCIP 情景

UKCIP 的研究（UKCIP 2001）采用了开发可选择路径来决定未来更广泛的情景系统（见图 4 - 4）。每条路径都是由被区域识别的主要驱动因子趋势。开发 UKCIP 非气候情景，以提供一般的框架来评价气候影响和适应性。设定规制、社会和政治价值观这两个基本方面是影响变化的主要驱动力，其他关键参数还有如人口和居住模式、科技进步的速率和方向、经济增长率和结构。这些情景没有考虑任何由于关系到气候变化的政策干涉。对于每个情景，关键指标包括人口和 GDP 的变化评价。与土地使用变化、农业活动模式、水需求和保护海岸基础设施的建筑有关的特殊变量也被评价。

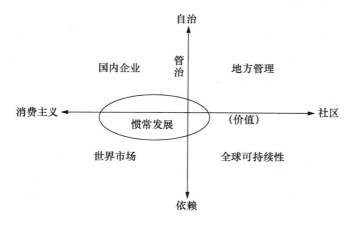

图 4 - 4　UKCIP 四种情景的假定

英国学者开发的用于气候变化影响评估的社会经济情景，提出了新的社会经济情景构建的原则，即从利益相关者角度开发了四种社会经济情景：国内企业情景、地区管理者情景、世界市场情景和全球可持续性情景。考虑的因子包括价值观与政策、经济发展、居民生活、农业、水资源、生物多样性、海岸带地区管理、环境。

第三节　IPCC 排放情景发展历程和中国 SRES 情景

一　IPCC 排放情景发展历程概述

构建长达 50 年以上甚至 1 个世纪的情景属于具有相当挑战的新课题。这一方面是由于资料的缺乏和现有科学水平的限制，另一方面则是因为人类的思维通常局限于较短的时间范围，一般的发展战略研究大都只针对未来 10 年、20 年，至多 50 年。因此，IPCC 在过去 20 多年的研究中，一直在对其排放情景进行更新。

（一）SA90 情景

1990 年，IPCC 构建了第一套温室气体排放情景（SA90 情景），作为气候模式的输入以推动对气候变化影响的科学评估（IPCC，1990）。SA90 情景包括 A、B、C 和 D 四种情景，所有情景的人口和经济增长假设都是相同的，情景之间的唯一差异是能源消费。SA90 情景是 IPCC 第一次评估报告的基础。显然，SA90 情景是非常初步和简单的。

（二）IS92 情景

两年以后，IPCC 又推出了六种新的排放情景（IS92 情景），提供 1990—2100 年的各种温室气体排放路径（Leggett et al.，1992；IPCC，1992）。在 IS92 六种情景中，分别考虑了高、中、低的人口和经济增长以及不同的能源消费。这些情景在全球和区域尺度上提供了所有温室气体和二氧化硫的排放预测，得到科学家们的广泛使用，在当时被认为是"开拓创新"的情景，其中，IS92a 情景成为众多气候变化模拟和影响研究的基准情景（Business – As – Usual，BAU）。IS92 情景构成了 IPCC 第二次评估报告的基础。1994 年，IPCC 对于 IS92 情景进行了正式评估，认为该排放情景有四种主要用途（Watson et al.，1996）：（1）为评估未来不同温室气体排放的气候及环境后果提供输入；（2）为减少温室气体排放和增加的特定政策干预情形提供类似的输入；（3）为评估不同地区、经济部门减缓和适应的可能性及其成本提供输入；（4）为可能的温室气体减排公约的谈判提供输入。同时，该评估也指出了 IS92 情景的种种缺陷。例如，六个情景只反映出有限范围的二氧化碳能源强度（单位能源的二氧化碳排放）；即使在 1 个世纪以后，所有情景中发达国家和发展中国家的收入差距仍然很大等（IPCC，1995）。

（三）SRES 情景

在上述评估的基础上，同时考虑到相关的科学进展和社会经济变化，IPCC 又于 1996 年启动了对新的排放情景的构建，并于 2000 年出版了排放情景特别报告（SRES）（IPCC，2000）。最新构建的 SRES 情景避免了 IS92 情景的缺陷，预测了与社会经济发展相联系的温室气体排放，为 IPCC 第三次评估报告提供了评估未来气候变化及其潜在影响和可能响应策略的基础（IPCC，2001），因而得到科学团体和决策团体的广泛应用，在分析未来温室气体排放的影响以及制定适应和减缓气候变化的政策措施等方面产生了重要影响。

2007 年出版的第四次气候变化评估报告并未开发新的排放情景，但第三工作组已经开始讨论新排放情景的开发，新排放情景将会考虑：（1）保持情景在气候变化及其影响、减缓、适应中的一致性；（2）情景的可比较性（使用可比较的定义和假设）；（3）开发过程的透明性和公开性；（4）大量来自发展中国家专家的参与。新排放情景的开发将为气候变化领域研究提供更加可信、更加合理的排放背景，有助于促进各国科学家对未来社会经济情景的预估。

上述这些情景大多是基于全球或大区域尺度的社会经济情景，很少涉及具体的国家发展情景。另外，在气候研究中，SRES 情景中的社会经济假设和指标不能完全满足气候变化影响、适应性和减缓温室气体排放研究时的需求，科学家从不同角度对 SRES 情景进行了全面综合的评估，达成了以下共识：应该在科学认识的基础上对 SRES 情景进行适当的修改，没有必要构建全新的情景。故第四次评估报告没有推出新排放情景。因此，不少学者正在构建和提供更多的符合影响、适应和减缓温室气体排放研究要求的社会经济情景。

（四）RCPs 情景

随着气候变化影响评估的发展，SRES 情景的不足逐步显现，为此，IPCC 调整了情景的发展方法和过程，提出了新的开发情景框架，于 2007 年发布典型浓度路径（Representative Concentration Pathways，RCPs）来描述温室气体浓度，并在 RCPs 的基础上发展共享社会经济路径（Shared Socio – economic Pathways，SSPs）来构建社会经济新情景。SRES 情景反映了人口、经济增长和能源结构对排放的影响，但并不能完全反映气候公约中稳定大气温室气体浓度的目标，也不能反映人为减排等因素的影响。因此，IPCC 第三次评估报告发布温室气体稳定浓度，在新情景的研究中使用了 RCPs，即用单位面积的辐射强迫表示未来 100 年温室气体稳定浓度（单位是瓦特/平方米）。

RCPs 情景是一组包括所有温室气体（GHG）、气溶胶和化学活性气体排放与浓度时间序列，以及土地利用或土地覆盖状况的情景（Moss et al. ，2008）。"典型"表示每个 RCP 只是导致具体辐射强迫特征的许多可能情景之一。"路径"强调不仅长期浓度水平很有意义，而且达到该水平过程中所有动态形成的轨迹也很有意义（Moss et al. ，2010）。利用综合评估模型（IAM）计算得到的四种 RCPs 情景已作为 IPCC 第五次评估报告（AR5）评估第一工作组气候预测和预估的基础（IPCC，2013），这四种 RCPs 情景（RCP2.6、RCP4.5、RCP6.0、RCP8.5）命名的含义是指大气中温室气体辐射强迫值在 2100 年相对于工业化前的可能变化值，也与人类活动排放的温室气体排放量（用二氧化碳当量即 $CO_2 - eq$ 度量）相一致，具体说明如下：

RCP2.6 低浓度路径。在该路径中，辐射强迫在 2100 年之前达到约 3 瓦特/平方米的峰值，随后出现下降；相应地假设全球年均温室气体排放量在 2010—2020 年达到峰值，随后大幅下降。

RCP4.5 和 RCP6.0 两种中等稳定路径。其辐射强迫在 2100 年之后分别大致稳定在 4.5 瓦特/平方米和 6 瓦特/平方米，温室气体排放量分别在 2040 年和 2080 年左右达到峰值，随后分别下降。

RCP8.5 高浓度路径。其辐射强迫在 2100 年之前超过 8.5 瓦特/平方米，并在之后一段时间内持续上升；温室气体排放量在 21 世纪持续上升。

根据前面对四种情景的描述，简单地综述 IPCC 排放情景的发展阶段和特点，如表 4 - 4 所示。

表 4 - 4　　　　　　IPCC 排放情景的发展阶段和特点

阶段	情景概述	社会经济假设	特点/变化	应用情况
SA90 及之前情景	二氧化碳倍增或递增试验，包括 A、B、C 和 D 四种情景	人口经济增长假设相同，能源消费不同	全球情景，简单的二氧化碳浓度变化描述和假设	第一次评估报告 FAR 及之前的气候模拟
IS92 情景	包含 6 种不同排放情景（IS92A—IS92F），考虑单位能源的排放强度	考虑高速、中速和低速三种人口和经济增长及不同的排放预测	考虑与能源、土地利用等相关的温室气体和硫排放	用于第二次评估 SAR 及气候模式
SRES 情景	由 A1、A2、B1 和 B2 四种情景家族组成，共 40 个温室气体排放参考情景	建立四种社会经济发展模式；A 和 B 的区别在于是否重视环境保护，数字 1 和 2 强调注重全球性还是区域发展	温室气体排放与社会经济发展相联系，情景族表示有着相似的人口特征、社会、经济、技术变化的多个情景组合	主要用于第三次和第四次评估报告（TAR，AR4），成为气候变化领域的标准情景

阶段	情景概述	社会经济假设	特点/变化	应用情况
RCPs 情景	包括 RCP2.6 和 RCP4.5 和 RCP6.0、RCP8.5 四种典型路径，其中，RCP8.5 为持续上升的路径，RCP6.0 和 RCP4.5 为没有超过峰值水平达到稳定的两种不同路径，RCP2.6 为先升后降达到稳定的路径	基于 RCPs 定义 SSPs，体现辐射强迫和社会经济情景的结合，每一个 SSP 代表一类相似的社会经济发展路径，包括人口、经济、技术、环境、政府管制等因素和指标	SSPs 包含已有情景中的社会经济假设，可用于全球、区域和部门，SSPs 矩阵可以更好地进行脆弱性分析，满足气候变化适应与减缓研究的需求	用于第五次评估 AR5，将更好地分析、评估人为减排等气候政策影响，为选择适应与减缓技术和政策提供研究平台

资料来源：曹丽格等（2012），经笔者修改。

二　基于 SRES 的中国社会经济情景

由于 SRES 情景的主要目的是提供未来全球温室气体排放情景，因此不能通过它们直接得到用于影响评估的社会经济情景。最主要的问题之一是空间尺度。影响评估研究需要的大都是地区、部门或国家尺度上的社会经济要素输入，而 SRES 情景给出的却是全球以及世界四个区域的主要社会经济要素的预测，这四个区域包括 1990 年的 OECD 国家（OECD90）、经济转轨的东欧国家和苏联（REF）、亚洲（ASIA）、非洲和拉丁美洲及中东（ALM）。不过，SRES 框架仍然是考虑构建包括诸如人口增长、经济发展和技术变化等主要驱动因素的社会经济情景的良好起点。

综合以上有关社会经济情景的研究现状，尽管 RCPs 的气候变化情景研究成果已经在 IPCC 第五次评估报告（AR5）第一工作组中发表，但基于 RCPs 的社会经济新情景 SSPs 的成果还很少。考虑到中国碳排放现状和发展目标，开展中国社会经济情景研究是很有必要的。同时，由于 IPCC 的 SRES 情景应用的广泛性，根据最新中国社会经济的统计资料，开展中国社会经济 SRES 情景研究，既可丰富 IPCC 中基于 SRES 的中国社会经济情景研究成果，也为相关研究人员在综合评估减缓、适应和气候影响等方面提供更好的情景使用。

人口、GDP 是社会经济情景中最重要的驱动因子。任何气候变化研究都会利用到这两种因子的情景。由于 SRES 是情景族，并且对每个情景族文献（Nakiéenoviéet al.，2000）中列出了国际上几种主要模型的预估结果，所以，我们这里采用表 4-2 介绍的主导情景来预估中国人口、GDP 的 SRES 情景，四种主导情景所用的模型分别是 A1 情景为 AIM 模型、B1 情景为 IMAGE 模型、A2 情景为 ASF 模型和 B2 情景为 MESSAGE 模型。

（一）降尺度方法

SRES 情景仅给出全球和四大区域（OECD90、REF、ASIA、ALM）的情景预估值，在各类研究中，对于国家尺度或者更小区域尺度的 SRES 情景具有更多的需求。目前，国际上开发国家或区域尺度的社会经济情景使用比较广泛的方法是降尺度方法（Gaffin et al.，2004），即一个区域的 GDP/人口的年均增长率等于较大区域或所在国家的年均增长率；在数学上也可表述为一个区域 GDP/人口与较大区域或所在国家的比值在任何年份都保持不变，等同于基年的值，其计算公式为：

$$r_N(2010-20) = \frac{\log e\left[\dfrac{P_N(2020)}{P_N(2010)}\right]}{10}$$

$$P_R(2020) = P_R(2010) \times \exp\left[r_N(2010-20) \times 10\right]$$

其中，r_N 表示大区域 GDP/人口 10 年（2010—2020 年）的年均增长率，P_N 表示大区域或国家的 GDP/人口值，P_R 表示小区域的 GDP/人口值。

（二）构建更小空间尺度上的人口和 GDP 的未来情景

在更小的空间尺度上，由于分别估计人口和 GDP 的增长率存在很大的困难，因而采用相同区域增长率方法，即假设一个较小区域如省（市、区）的人口和 GDP 增长率与全国的增长率保持一致，然后以 2010 年全国各省（市、区）人口和 GDP 的统计数据作为基准值，得到各省（市、区）人口和 GDP 的未来情景。

（三）特定部门特定指标以及其他社会经济要素的未来情景

总体上说，对于特定部门的特定指标，由于相关数据的缺乏以及现有情景方法水平的限制，目前，只能基于中国的未来发展框架，并结合特定影响评估研究的要求，对这些社会经济要素进行定性分析。其中，一些要素的情景可以通过相关的社会经济预测研究结果获得，还有一些要素的情景只能根据专家判断获得。如对于可耕地面积以及用水需求的情景分析就是分别采用不同的方法得到的。

需要指出的是，这种降尺度方法并未解释不同区域人口、GDP 的内部状况和增长预期，对于人口问题，也未考虑到人口的大量流动问题等，需要提出新方法，依据情景和发展中区域的富裕国家或地区避免令人难以置信的高增长现象。而对特定部门的情景开发根据研究的需要，有待于未来的深入研究。

（四）国家/省（市、区）区级人口、GDP 情景

对于国家级人口、GDP 的 SRES 情景，我们基于四种情景下亚洲（ASIA）区域人口 GDP 的预估值，利用降尺度处理方法，计算 A1、B1、A2、B2 情景下中国未来人口和 GDP 的预测值，在计算过程中，根据中国 2010 年人口和 GDP 的实际数据进行了必要的修正；然后以 2010 年的人口和 GDP 数据作为基准值得到全国人口和 GDP 的未来情景（见表 4 - 3 和表 4 - 4）。

对于省（市、区）级尺度的人口、GDP 情景，我们采用同样的降尺度方法，用相同地区增长率方法，即假定未来各省（市、区）人口和 GDP 的增长率与全国的增长率相同，那么根据目前各省（市、区）人口和 GDP 的基准数据，就可以得到未来的人口和 GDP 情景（见表 4 - 5 至表 4 - 14）。尽管由于经济发展水平的差异，未来不同地区的发展速度不可能完全相同，人口增长率也会有所差异，但对于评估气候变化影响几十年长度来说，这种分析结果是可以满足研究对象的需求。

表 4 – 5　　　　　　　中国人口的 A1 情景、B1 情景、

A2 情景和 B2 情景　　　　单位：百万人

情景	A1	B1	A2	B2
2010 年	1341	1341	1341	1341
2020 年	1452	1460	1519	1473
2030 年	1564	1539	1686	1585
2050 年	1591	1568	2033	1726
2060 年	1514	1519	2165	1760
2080 年	1335	1335	2419	1801
2100 年	1087	1072	2589	1826

注：人口情景的基年为 2010 年。

表 4 – 6　　　　　　中国 GDP 的 A1 情景、B1 情景、

A2 情景和 B2 情景　　　　单位：万亿元

情景	A1	B1	A2	B2
2010 年	40.9	40.9	40.9	40.9
2020 年	87.0	73.6	61.6	75.0
2030 年	185.0	128.3	88.2	121.0
2050 年	443.3	321.6	173.2	237.4
2060 年	603.4	436.2	231.4	299.3
2080 年	1043.0	667.4	403.9	425.9
2100 年	1464.3	874.6	661.9	551.5

注：GDP 按照 2010 年不变价格计算，2010 年为基年。

表 4 – 7　　　　　31 个省（市、区）人口的 A1 情景　　　单位：万

年份	2010	2020	2030	2050	2060	2080	2100
北京	1962	2125	2288	2328	2216	1954	2108
天津	1299	1407	1515	1542	1467	1294	1396
河北	7194	7791	8389	8537	8124	7163	7731
山西	3574	3871	4168	4242	4036	3559	3841
内蒙古	2472	2678	2883	2934	2792	2462	2657
辽宁	4375	4738	5102	5192	4941	4356	4702
吉林	2747	2975	3203	3260	3102	2735	2952

续表

年份	2010	2020	2030	2050	2060	2080	2100
黑龙江	3833	4152	4470	4549	4329	3817	4120
上海	2303	2494	2685	2733	2600	2293	2475
江苏	7869	8523	9176	9339	8887	7836	8457
浙江	5447	5899	6351	6464	6151	5423	5853
安徽	5957	6451	6946	7069	6727	5931	6402
福建	3693	4000	4306	4383	4171	3677	3969
江西	4462	4833	5203	5296	5039	4443	4796
山东	9588	10384	11180	11378	10828	9547	10304
河南	9405	10187	10968	11162	10622	9365	10108
湖北	5728	6204	6679	6798	6469	5703	6156
湖南	6570	7116	7661	7797	7420	6542	7061
广东	10441	11308	12175	12391	11791	10396	11221
广西	4610	4993	5376	5471	5206	4590	4954
海南	869	941	1013	1031	981	865	933
重庆	2885	3124	3364	3423	3258	2872	3100
四川	8045	8713	9381	9547	9085	8011	8646
贵州	3479	3768	4057	4129	3929	3464	3739
云南	4602	4984	5366	5461	5197	4582	4945
西藏	300	325	350	356	339	299	323
陕西	3735	4045	4355	4433	4218	3719	4014
甘肃	2560	2773	2985	3038	2891	2549	2751
青海	563	610	657	669	636	561	606
宁夏	633	686	738	751	715	630	680
新疆	2185	2366	2548	2593	2468	2176	2348

注：人口情景的基年为 2010 年。

表 4-8　　　　31 个省（市、区）人口的 B1 情景　　　单位：万

年份	2010	2020	2030	2050	2060	2080	2100
北京	1962	2136	2252	2294	2222	1954	2104
天津	1299	1414	1491	1519	1472	1294	1394

续表

年份	2010	2020	2030	2050	2060	2080	2100
河北	7194	7831	8256	8411	8148	7164	7716
山西	3574	3891	4102	4179	4048	3559	3834
内蒙古	2472	2691	2837	2891	2800	2462	2652
辽宁	4375	4763	5021	5116	4956	4357	4693
吉林	2747	2990	3152	3212	3111	2735	2946
黑龙江	3833	4173	4399	4482	4342	3817	4112
上海	2303	2507	2643	2692	2608	2293	2470
江苏	7869	8567	9032	9202	8914	7837	8441
浙江	5447	5929	6251	6369	6169	5424	5842
安徽	5957	6485	6836	6965	6747	5932	6389
福建	3693	4020	4238	4318	4183	3678	3961
江西	4462	4858	5121	5218	5054	4444	4786
山东	9588	10438	11004	11211	10860	9548	10284
河南	9405	10239	10795	10998	10654	9366	10088
湖北	5728	6236	6574	6698	6488	5704	6144
湖南	6570	7153	7540	7682	7442	6543	7047
广东	10441	11367	11983	12209	11827	10398	11199
广西	4610	5019	5291	5390	5222	4591	4945
海南	869	946	997	1016	984	865	932
重庆	2885	3140	3311	3373	3267	2873	3094
四川	8045	8758	9233	9407	9113	8011	8629
贵州	3479	3787	3993	4068	3941	3465	3732
云南	4602	5010	5281	5381	5212	4582	4936
西藏	300	327	345	351	340	299	322
陕西	3735	4066	4287	4367	4231	3719	4006
甘肃	2560	2787	2938	2993	2900	2549	2746
青海	563	613	647	659	638	561	604
宁夏	633	689	726	740	717	630	679
新疆	2185	2379	2508	2555	2475	2176	2344

注：人口情景的基年为 2010 年。

表 4 – 9　　　　　　31 个省（市、区）人口的 A2 情景　　　　单位：万

年份	2010	2020	2030	2050	2060	2080	2100
北京	1962	2223	2467	2975	3167	3539	3788
天津	1299	1472	1633	1970	2098	2344	2509
河北	7194	8151	9044	10907	11613	12977	13889
山西	3574	4050	4493	5419	5770	6448	6901
内蒙古	2472	2801	3108	3748	3991	4460	4773
辽宁	4375	4957	5500	6633	7063	7892	8447
吉林	2747	3112	3453	4164	4434	4955	5303
黑龙江	3833	4344	4819	5812	6189	6915	7401
上海	2303	2609	2895	3491	3717	4154	4446
江苏	7869	8917	9893	11931	12704	14196	15194
浙江	5447	6172	6847	8258	8793	9825	10516
安徽	5957	6750	7489	9031	9617	10746	11501
福建	3693	4185	4643	5599	5962	6662	7130
江西	4462	5056	5610	6765	7204	8050	8615
山东	9588	10864	12054	14537	15479	17296	18512
河南	9405	10658	11825	14260	15184	16967	18159
湖北	5728	6491	7201	8684	9247	10333	11059
湖南	6570	7445	8260	9961	10607	11852	12685
广东	10441	11831	13126	15830	16856	18835	20159
广西	4610	5224	5796	6989	7442	8316	8901
海南	869	984	1092	1317	1402	1567	1677
重庆	2885	3269	3627	4374	4657	5204	5569
四川	8045	9116	10114	12197	12988	14513	15533
贵州	3479	3942	4374	5275	5617	6276	6717
云南	4602	5214	5785	6977	7429	8301	8884
西藏	300	340	377	455	485	542	580
陕西	3735	4232	4696	5663	6030	6738	7211
甘肃	2560	2901	3218	3881	4133	4618	4943
青海	563	638	708	854	910	1016	1088
宁夏	633	717	796	960	1022	1142	1222
新疆	2185	2476	2747	3313	3527	3942	4219

注：人口情景的基年为 2010 年。

表 4 – 10　　　　　　31 个省（市、区）人口的 B2 情景　　　单位：万

年份	2010	2020	2030	2050	2060	2080	2100
北京	1962	2155	2318	2525	2575	2636	2671
天津	1299	1427	1535	1672	1706	1745	1769
河北	7194	7901	8501	9258	9443	9664	9794
山西	3574	3926	4224	4600	4692	4801	4866
内蒙古	2472	2715	2921	3182	3245	3321	3366
辽宁	4375	4805	5170	5630	5743	5877	5956
吉林	2747	3017	3246	3535	3605	3690	3739
黑龙江	3833	4210	4530	4933	5032	5150	5219
上海	2303	2529	2721	2963	3023	3093	3135
江苏	7869	8644	9299	10127	10330	10572	10714
浙江	5447	5982	6436	7009	7150	7317	7415
安徽	5957	6543	7039	7666	7819	8002	8110
福建	3693	4056	4364	4753	4848	4961	5028
江西	4462	4901	5273	5743	5858	5995	6075
山东	9588	10531	11330	12339	12586	12880	13054
河南	9405	10331	11114	12104	12346	12635	12805
湖北	5728	6291	6769	7371	7519	7695	7798
湖南	6570	7216	7764	8455	8624	8826	8945
广东	10441	11468	12338	13437	13706	14026	14215
广西	4610	5064	5448	5933	6051	6193	6276
海南	869	954	1026	1118	1140	1167	1183
重庆	2885	3168	3409	3712	3787	3875	3927
四川	8045	8836	9507	10353	10560	10807	10953
贵州	3479	3821	4111	4477	4567	4674	4737
云南	4602	5054	5438	5922	6040	6182	6265
西藏	300	330	355	386	394	403	409
陕西	3735	4102	4414	4807	4903	5018	5085
甘肃	2560	2812	3025	3295	3360	3439	3485
青海	563	619	666	725	740	757	767
宁夏	633	695	748	815	831	850	862
新疆	2185	2400	2582	2812	2868	2935	2975

注：人口情景的基年为 2010 年。

表 4 – 11　　　　　　31 个省（市、区）GDP 的 A1 情景　　　单位：亿元

年份	2010	2020	2030	2050	2060	2080	2100
北京	14114	30022	63865	153010	208267	360002	505421
天津	9224	19622	41741	100006	136120	235293	330337
河北	20394	43383	92285	221101	300947	520207	730338
山西	9201	19572	41634	99750	135772	234691	329492
内蒙古	11672	24829	52816	126540	172238	297724	417985
辽宁	18457	39262	83520	200102	272364	470799	660972
吉林	8668	18438	39221	93968	127903	221089	310394
黑龙江	10369	22056	46919	112410	153004	264477	371309
上海	17166	36516	77677	186102	253309	437862	614730
江苏	41425	88120	187453	449108	611294	1056661	1483486
浙江	27722	58971	125445	300547	409083	707128	992762
安徽	12359	26291	55927	133992	182380	315256	442599
福建	14737	31349	66686	159770	217468	375907	527750
江西	9451	20105	42768	102464	139467	241078	338459
山东	39170	83322	177246	424655	578010	999128	1402712
河南	23092	49122	104494	250352	340762	589029	826959
湖北	15968	33966	72254	173110	235626	407294	571815
湖南	16038	34116	72573	173873	236664	409089	574335
广东	46013	97879	208212	498843	678990	1173679	1647771
广西	9570	20357	43304	103750	141217	244103	342705
海南	2065	4392	9342	22382	30465	52660	73932
重庆	7926	16859	35864	85924	116954	202162	283823
四川	17185	36557	77765	186314	253597	438359	615428
贵州	4602	9790	20825	49894	67912	117390	164808
云南	7224	15367	32690	78320	106603	184271	258705
西藏	507	1079	2296	5502	7488	12944	18173
陕西	10123	21535	45809	109752	149387	258225	362531
甘肃	4121	8766	18647	44674	60808	105110	147568
青海	1350	2873	6111	14640	19928	34446	48360
宁夏	1690	3594	7646	18318	24933	43099	60508
新疆	5437	11567	24605	58949	80238	138696	194721

注：GDP 按照 2010 年不变价格，2010 年为基年。

表 4-12　　　　　　31 个省（市、区）GDP 的 B1 情景　　　单位：亿元

年份	2010	2020	2030	2050	2060	2080	2100
北京	14114	25387	44273	111005	150564	230356	301890
天津	9224	16593	28936	72552	98407	150558	197312
河北	20394	36684	63975	160404	217567	332866	436234
山西	9201	16550	28862	72366	98155	150173	196807
内蒙古	11672	20995	36614	91802	124517	190505	249665
辽宁	18457	33200	57899	145169	196903	301252	394802
吉林	8668	15591	27190	68172	92466	141469	185400
黑龙江	10369	18651	32526	81551	110613	169232	221785
上海	17166	30877	53848	135013	183128	280176	367181
江苏	41425	74514	129949	325817	441929	676129	886093
浙江	27722	49866	86963	218040	295743	452472	592981
安徽	12359	22231	38770	97208	131850	201724	264367
福建	14737	26508	46229	115910	157216	240533	315228
江西	9451	17001	29648	74336	100827	154259	202163
山东	39170	70457	122873	308077	417867	639315	837846
河南	23092	41538	72439	181625	246350	376904	493947
湖北	15968	28722	50089	125588	170343	260617	341548
湖南	16038	28848	50310	126141	171094	261765	343053
广东	46013	82766	144340	361899	490870	751006	984221
广西	9570	17214	30020	75268	102092	156195	204699
海南	2065	3714	6476	16238	22024	33696	44160
重庆	7926	14256	24862	62336	84550	129358	169528
四川	17185	30912	53910	135166	183336	280494	367598
贵州	4602	8278	14437	36197	49096	75115	98440
云南	7224	12995	22662	56819	77068	117910	154526
西藏	507	913	1592	3991	5414	8283	10855
陕西	10123	18210	31757	79623	107998	165231	216542
甘肃	4121	7412	12927	32410	43960	67257	88143
青海	1350	2429	4236	10621	14406	22041	28886
宁夏	1690	3039	5300	13289	18025	27578	36142
新疆	5437	9781	17057	42766	58007	88748	116308

注：GDP 按照 2010 年不变价格，2010 年为基年。

表 4 – 13　　　　　31 个省（市、区）GDP 的 A2 情景　　　单位：亿元

年份	2010	2020	2030	2050	2060	2080	2100
北京	14114	21251	30457	59796	79854	139420	228455
天津	9224	13889	19906	39082	52191	91123	149316
河北	20394	30707	44010	86405	115390	201464	330120
山西	9201	13854	19855	38982	52058	90890	148934
内蒙古	11672	17574	25188	49451	66040	115301	188934
辽宁	18457	27791	39830	78199	104430	182329	298766
吉林	8668	13051	18704	36722	49041	85622	140301
黑龙江	10369	15612	22375	43929	58665	102426	167836
上海	17166	25846	37044	72728	97124	169573	277864
江苏	41425	62373	89395	175509	234383	409220	670551
浙江	27722	41741	59824	117452	156851	273854	448739
安徽	12359	18609	26671	52363	69928	122091	200060
福建	14737	22189	31802	62437	83382	145580	238549
江西	9451	14231	20396	40043	53475	93364	152987
山东	39170	58977	84528	165953	221621	386938	634040
河南	23092	34770	49833	97837	130655	228117	373794
湖北	15968	24042	34458	67651	90344	157735	258466
湖南	16038	24148	34610	67949	90742	158430	259605
广东	46013	69281	99295	194946	260339	454538	744810
广西	9570	14409	20652	40545	54146	94535	154906
海南	2065	3108	4455	8747	11681	20394	33418
重庆	7926	11933	17103	33579	44843	78292	128291
四川	17185	25876	37086	72811	97235	169766	278180
贵州	4602	6929	9931	19498	26039	45462	74495
云南	7224	10877	15590	30607	40874	71364	116937
西藏	507	764	1095	2150	2871	5013	8214
陕西	10123	15243	21846	42891	57278	100004	163868
甘肃	4121	6205	8893	17459	23315	40707	66702
青海	1350	2033	2914	5721	7641	13340	21859
宁夏	1690	2544	3646	7159	9560	16691	27350
新疆	5437	8187	11734	23037	30765	53714	88016

注：GDP 按照 2010 年不变价格，2010 年为基年。

表 4－14　　　　　31 个省（市、区）GDP 的 B2 情景　　　单位：亿元

年份	2010	2020	2030	2050	2060	2080	2100
北京	14114	25875	41753	81937	103304	147016	190337
天津	9224	16912	27289	53553	67518	96088	124402
河北	20394	37389	60333	118400	149275	212440	275039
山西	9201	16868	27219	53416	67345	95842	124084
内蒙古	11672	21399	34530	67762	85433	121583	157410
辽宁	18457	33838	54603	107155	135097	192263	248917
吉林	8668	15891	25642	50320	63442	90287	116892
黑龙江	10369	19009	30674	60195	75892	108006	139832
上海	17166	31471	50783	99658	125645	178812	231502
江苏	41425	75947	122550	240498	303211	431515	558669
浙江	27722	50824	82012	160943	202912	288774	373866
安徽	12359	22659	36563	71753	90463	128743	166679
福建	14737	27018	43597	85557	107868	153512	198746
江西	9451	17327	27960	54870	69178	98451	127461
山东	39170	71812	115878	227403	286702	408020	528250
河南	23092	42336	68315	134064	169023	240545	311426
湖北	15968	29274	47238	92701	116874	166329	215341
湖南	16038	29403	47446	93109	117389	167062	216290
广东	46013	84357	136122	267131	336790	479303	620537
广西	9570	17545	28311	55558	70046	99686	129060
海南	2065	3785	6107	11986	15111	21505	27842
重庆	7926	14530	23447	46012	58011	82558	106885
四川	17185	31507	50840	99771	125788	179015	231765
贵州	4602	8437	13615	26718	33685	47939	62065
云南	7224	13244	21372	41940	52877	75252	97426
西藏	507	930	1501	2946	3714	5286	6844
陕西	10123	18560	29949	58772	74098	105453	136526
甘肃	4121	7555	12191	23923	30162	42924	55573
青海	1350	2476	3995	7840	9884	14067	18212
宁夏	1690	3098	4999	9809	12367	17601	22787
新疆	5437	9969	16086	31568	39799	56640	73330

注：GDP 按照 2010 年不变价格，2010 年为基年。

第五章　气候变化综合评估方法

第一节　气候变化与低碳发展

　　一般认为，"低碳经济"是英国政府在其 2003 年发布的能源白皮书——《我们能源的未来：构建一个低碳经济》（*Our Energy Future: Creating a Low Carbon Economy*）首先提出的，表明了英国在这轮全球经济社会转型趋势中的发展路径。由于英国是西方世界上最早实现工业化的国家，其所引领的未来政策方向备受瞩目，引起了世界各国的广泛关注。日本、欧盟、加拿大等也纷纷提出了迈向低碳经济转型的政策方案。"低碳经济"是目前世界各国谈论最多的话题之一，但其概念仍然不是很明确，而且在不断地更新发展中。"低碳经济"可以简单地理解为在保持一定经济增长速度的前提下，以尽可能最小量排放温室气体的经济发展模式，属于动态发展的概念。其实质是建立经济高效、能源节约、低碳排放的生产方式和消费方式，形成可持续的能源系统、技术体系和产业结构。核心是通过能源技术创新、制度创新和人类生存发展观念的根本性转变来达到低碳发展模式。

　　目前，大气中浓度过高的温室气体对正在上演的全球气候变暖有直接作用，并且证实这些浓度过高的温室气体是人类经济活动的结果。因此，在全球范围内倡导低碳经济是避免灾难性气候变化的必要手段，各国寻求低碳经济发展模式已经变成缓解全球变暖长期战略的一个重要组成部分。与此同时，日益枯竭的不可再生型能源资源、不断上升的能源需求以及能源价格波动的敏感性，也是推动全球向低碳经济转型的一些主要影响因素。

　　对于拥有 13 亿多人口的大国，中国绝大多数资源的人均资源储藏量不及世界平均水平，而又处于重化工化发展阶段，因而，我们提出"低碳经济"发展理念，重点在于通过管理体制机制改革、技术创新，利用"低碳经济"思想，生产利用好各种资源，形成低碳生活方式，转变经济社会发展模式。经过 30 多年的经济快速发展，中国的能源消费不断增加，并已成为世界上碳排放最大的国家之一。因而，除了能源的供需矛盾，中国还存在严峻的环境问题和应对气候变化的压力，在全社会倡导低碳发展任重道远。

　　目前，西方一些发达国家都积极开展低碳经济领域的研究工作。国际上利用模型展开低碳经济研究的有日本"2050 日本低碳社会"，该项目始于 2004 年，由几个研究机构的 60 位气候变化专家联合成立工作组，经过四年的努力，于 2008 年取得一系列成果，提出了"日本迈向低碳社会的行动和方案"。[①] 他们还与英国专家成立合作项目"一个可持续低碳社会"，基于可持续发展，就降低全球温室气体排放在地区、国家、国际尺度上采取行动的必要性、紧迫性和可行性进行研究，成果提交给八国集团峰会和二十国集团峰会等。

　　可见，国际上在低碳经济研究领域对低碳经济评估模型的开发也只是在日本、欧洲等少数国家近几年才开始。实际上，我国学术界对低碳经济定义、内涵、外延、评价标准等问题都还没有一个统一的认识。发展低碳经济在我国可能还会面临市场、政策、体制等方面的制约。

第二节　综合评估方法概述

　　无论是研究气候变化的影响、应对气候变化的适应策略，以及发展低碳经济的各种机制和经济手段的实施，都需要综合评估减少碳排放的影响。一直以来，国际上对于全球排放限额及其在国家之

---

① 成果参见日本国立环境研究所（http：//2050. nies. go. jp）。

间的分配存在着严重分歧，其原因归根结底还是减少二氧化碳排放成本估计问题的复杂性和不确定性。如果能够以很低的成本甚至零成本实现低碳经济发展目标，也就不至于导致 2009 年年底的哥本哈根气候变化高峰会议最终无取得实质性成果而终。

因此，利用建模方法综合评价中国发展低碳经济的潜力空间以及可能的路径选择，是中国应对气候变化的一种可行的技术手段，为中国很好地参与国际合作和开展碳排放交易提供科学数据和技术支持。这也有助于在气候变化的国际谈判中掌握主动，维护国家利益，也有利于制定具有能源—环境—经济协调的、符合低碳经济模式的能源发展战略。

作为世界上最大的发展中国家，中国正处于消除贫困、工业化加速推进的重要发展时期。在未来相当长的时期内，中国仍将保持一定的经济增长速度，需要较大幅度提高人民的生活水平，能源需求和二氧化碳排放量也就不可避免地继续增长。也就是说，要为未来的发展需要争取到一定的碳排放空间。另外，随着经济的进一步发展和人口增长，中国成为世界上二氧化碳排放总量最多的国家，这无疑将对中国的社会经济发展带来严峻的挑战，在保护全球气候方面承担相应义务的压力也将不可避免地大大增强。因此，保持一定的经济增长速度、完成我国从工业化到后工业化的过渡是我们设计低碳经济评价模型的一个重要前提条件。同时，考虑到国土资源、相关的自然条件以及能源消费的特征，调整产业结构、能源结构以及提高能源利用效率的潜力应主要依靠技术创新、技术进步。因此，技术进步因素应成为模型构建中一个最重要的组成内容。

由于气候变化影响具有很大的不确定性，定量研究温室气体减排带来的社会经济损失也具有相当大的难度。所以，气候变化领域的大量研究都集中在减排成本估算以及减排政策、路径的选择上。又由于二氧化碳是最主要的温室气体，而化石燃料的生产和利用是二氧化碳最重要的排放来源。因而，一般的研究重点大都放在评价减少化石燃料燃烧引起的二氧化碳排放成本上。尽管二氧化碳减排成本估计在"确立减排目标"方面不是至关重要的，但是，对于

"如何达到减排目标"上却是相当重要的，"应付气候变化的政策和措施应当讲究成本效益，确保以尽可能最低的费用，获得全球效益"（UNFCCC，1994）。为此，IPCC 专门成立了三个特别工作组来研究气候变化政策的相关问题。自从 1990 年 IPCC 发布第一次气候变化评估报告以来，到 2014 年，共发布了五次评估报告。

温室气体减排成本估算的一般思路，基于两种典型的假想未来经济社会情景下的成本比较：一种是在没有新的保护方案下的基准情景（BAU）；另一种是政策情景，两者结合比较，实现所需减少量的最低成本路线。通常 BAU 将设计更快的经济增长和更高的收入，但也将导致更大的气候损害；政策情景将涉及更大的成本，放缓经济增长和较低的收入，但也将减少气候损害的幅度和风险。减缓二氧化碳排放所产生的宏观经济代价，一般是随着二氧化碳浓度水平的目标提高而上升，即如果稳定二氧化碳浓度的目标要求越高，则成本越大。如果我们的目标是在 2050 年把全球二氧化碳浓度稳定在 710ppm（百万分之一体积），则全球平均宏观经济代价是损失 1% 的 GDP。如果把目标确定在 445ppm 水平，我们将会付出 5.5% GDP 的经济成本（IPCC，2007c）。

综合评估模型（Integrated Assessment Model，IAM）作为一类连接复杂环境问题科学和政策的新模式，兴起于 20 世纪 80 年代中期。早期综合评价的一个例子是欧洲酸化 RAINS 模型。综合评价模型是一种对气候变化问题之下许多自然和社会要素之间的关系进行综合评价的工具。从与全球气候变化有关的社会经济问题的整体机制入手，综合包括自然科学和社会科学与之相关的原理性知识而构造的，是对二氧化碳等温室气体的排放（或减排）对策进行综合评估的模型（钟笑寒、李子奈，2002）。

第三节　几种主要 IAM 模型比较

一　IAM 模型主要类型及特征

综合评估模型（IAM）通常包括自然和社会模型，当前开发的气候变化综合评估模型考虑了影响温室气体排放的情景以及自然系统的统计、政治、经济变量（王铮等，2010）。在过去20多年中，国际上已经开发出各类综合评估模型。现有的模型大致可以分为三类：一是政策评估模型，即预测政策的自然、生态、经济和社会后果；二是政策最优化模型，即在给定的政策目标下对关键政策控制变量进行最优化；三是不确定下的决策模型，即考虑最主要的输入、参数和结构特征的不确定性，或用概率的方法描述少数来自政策最优化模型或政策评估模型的参数和输入。模型的规模一般都比较庞大，需要采用计算机进行模拟运算。著名的 IAM 模型有：美国耶鲁大学的 DICE 和 RICE（Nordhaus et al.，1996，1999）、德国汉堡大学的 FOUND（Tol，1997；Link et al.，2004）和美国斯坦福大学的 MERGE（Manne et al.，2004）。

　　基于最近十年来各类 IAM 在气候变化评估方面的应用，这些模型大致可以分为福利最大化、一般均衡、局部均衡、模拟或仿真和成本最小化五大类（有些类别之间有重叠）（Stanton et al.，2009），见表5-1。

表5-1　　　　　　　　　　IAM 模型主要类型及特征

模型类型	全球	区域
福利最大化	DICE - 2008、ENTICE - BR、DEMETER - 1CCS、MIND	RICE - 2004、FEEM - RICE、FUND、MERGE、CETAM、GRAPE、AIM/Dynamic Global
一般均衡	JAM、IGEM	IGSM/EPPA、SMG、WORLDSCAN、ABARE - GTEM、G - CUBED/MSG3、MS - MRT、AIM、IMACLIM - R、WIAGEM
局部均衡		MiniCAM、ICAM - s、E3MG、GIM
模拟或仿真		PAGE - 2002、ICAM - 3、E3MG、GIM
成本最小化	GET - LFL、MIND	DNE21 +、MESSAGE - MACRO

　　每种模型都有其自身的优缺点，而且都为制定气候和发展政策所必需的决策提供了不同的视角。福利最优化模型通过选择每段时

期的减排量，来最大化所有时期的社会总福利，其中，减排成本会降低经济产出。一般均衡模型将经济视为一系列相互关联的经济部门（劳动、资本、能源等）的组合，并通过寻找一组能同时满足每一部门供需的价格来求解这些模型。局部均衡模型运用一般均衡的部分工具，在假设其他部门价格不变的情况下来考察某些经济部门。模拟或仿真模型基于对未来减排和气候条件的"脱线"预测上；一组预先决定的每期减排量决定了生产中能使用的碳的总量，且模型的结果包含减排成本和损害成本。设计成本最小化模型的目的是用其来找出气候经济学模型中最具成本效益的解。

弗兰克·阿克曼等（Frank Ackerman et al.，2009）分析了气候变化综合评价 IAM 模型的局限性。通过分析模型假设的信息不完整性，指出了模型结果有可能夸大基于技术路径依赖的减缓成本，认为政策制定应该建立在一个基于普遍科学认识的二氧化碳排放水平的最大容忍增长量的评价之上。

在 IPCC 的排放情景特别报告（Special Report on Emission Scenarios，SRES）中，有 6 个模型做过详细的应用分析，故也称为SRES 模型，它们分别是亚洲太平洋集成模型（Asian Pacific Integrated Model，AIM），源自日本国家环境研究所（1994）；大气稳定框架模型（Atmosphere Stabilization Framework，ASF），源自美国的 ICF咨询公司；温室效应评估集成模型（Integrated Model to Access the Greenhouse Effect，IMAGE），源自美国公共健康和环境卫生国家研究所，用于连接荷兰经济政策分析 WorldScan 模型；基于多区域方法的资源和产业配置模型（Multiregional Approach for Resource and Industry Allocation，MARIA），源自日本东京理科大学；替代能源供应战略和综合环境影响模型（Modelfor Energy Supply Strategy Alternatives and their General Environmental Impact，MESSAGE），由国际应用系统分析研究所 IIASA 开发；微型气候评估模型（Mini Climate Assessment Model，MiniCAM）。除了这些模型，还有几个应用较多的评估模型，下面分别对常用模型的主要特点做一些简单介绍。

二 日本低碳社会情景分析模型

日本低碳社会情景分析模型即日本 LCS 模型，应该是国际上第一个研究低碳社会开发的模型。日本国立环境研究所、京都大学以及其他综合研究所约 60 名研究人员自 2004 年 4 月以来开始研究。总目标就是：到 2050 年，日本碳排放降低到 1990 年排放水平的 70% 的可行性，并就为实现这一目标，对社会经济各方面的发展方向、路径、措施提出相应的建议。模型研究采用了"倒逼"的建模方法，建模过程如图 5-1 所示。

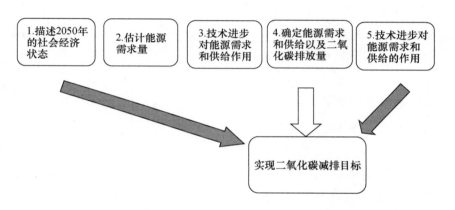

图 5-1 LCS 模型主要建模过程

模型给出了实现低碳目标的具体措施，这些措施来自环境选择数据库（EDB）。EDB 中包括 600 多项可选技术，这些技术参数来自各种研究报告、报道、政府白皮书等，内容涉及居民、商业部门、工业、交通运输、能源转换。

三 美国国家能源模型系统

美国国家能源模型系统（The National Energy Modeling System，NEMS），属于自上而下和自下而上的混合模型。NEMS 模型是由美国能源信息署（EIA）和能源部（DOE）共同开发、研制的，是用来替代早期的 PIES 模型（能源项目独立评估系统）和 IFFS 模型。模型的主要功能是分析能源政策和能源市场不同假设情况下对美国能源、经济、环境和安全的影响。模型的预测期为 20—25 年，这个预测期的确定主要是考虑技术、人口和经济条件能够相对充分的认识，能源市场的表示具有较强的可信度。

　　NEMS 模型是一个美国能源市场中期的能源经济模型系统，在设定宏观经济和财政因素、世界能源市场、资源的有效性和成本、行为和技术选择标准、能源技术成本和性能特征以及人口的情况下，规划能源的生产、转换、消费和价格。NEMS 模型全面地描述了能源市场行为以及与美国经济的相互影响，该模型包括四个供给模块（油气、天然气传输和分配、煤炭及可再生能源）、两个转化模块（电力和石油精炼）、四个终端需求模块（居民、商业、交通和工业）、一个模拟能源和经济相互影响的模块（宏观经济行为）、一个模拟世界石油市场的模块（国际能源行为）和一个为实现所有其他模块一般市场均衡提供机制的模块（集成模块）。其中，集成模块执行需求、转换和供给模块之间的迭代，直至全部生产和消费部门供需实现一般市场均衡。此外，考虑到美国不同区域之间差别，NEMS 模型也是一个区域模型，即不同模块实现区域分解，例如，需求模块使用了 9 个统计分类，电力市场模块使用了 15 个供应区域分类，油气供应模块使用了 7 个岸上供应区域和 3 个海上供应区域分类。[①]

四　IIASA – ECS 模型

　　IIASA – ECS 模型是位于奥地利的国际应用系统分析研究所（IIASA）环境匹配能源策略（ECS）项目开发的，是一个整合评估情景分析框架。该模型包括情景生成模块、MESSAGE – MACRO 模块、区域污染影响模块（RAINS）、温室气体导致环境变化评估模块（MAGICC）、能源研究和投资策略模块（ERIS）、温室气体减排政策地区和全球影响评估模块（MERGE）、优先评估整合系统（IS-PA）等。该模型的思路是：通过情景生成模块和基本数据库为

---

　　① EIA, The National Energy Modeling System: An Overview 2003, http://www. eia. doe. gov.

MESSAGE - MACRO 模块提供输入，MESSAGE - MACRO 模块计算出的污染物排放再输入 MAGICC 模块，并通过模型软连接技术输入 RAINS 模块和国家农业模块的基本连接系统（BLS），进行影响评估。此外，MESSAGE - MACRO 模块、BLS 模块以及 MESSAGE - MACRO 模块和由 MAGICC 模块驱动的一般循环模块（GCM）也对情景设定提供反馈（Messner et al. , 2000）。

五 中国 IPAC 模型

IPAC 模型是由国家发改委能源经济研究所和日本联合开发的模型，即中国能源环境综合政策评价模型，2000 年开始着手研制，是目前国内应用较多的综合模型。IPAC 模型汇集了多个能源经济模型，是典型的大型混合模型。总体来看，IPAC 模型主要包括能源和排放模型、环境模型和影响模型三个部分。能源和排放模型包括 IPAC - SGM、IPAC - Material、IPAC - e、IPAC - TIMER、IPAC - tech、IPAC - Message、IPAC - AIM、IPAC - AIM/Local 等多个模型，这些模型共同分析能源、经济、技术相互影响以及污染物排放。环境模型包括大气扩展模型（IPAC - air）和气候模型（IPAC - Climate）。影响模型主要为健康影响模型和水资源影响模型。IPAC 模型的基本思路是：能源和排放模型的结果输入环境模型，计算出能源活动引起的大气污染物浓度以及可能的升温，再由影响模型计算出对健康的影响，转化为对经济的影响后，反馈到能源排放模型。目前，能源和排放模型中各模块主要采用软连接。

第四节　中国开展 IAM 模型研究概况

20 世纪 80 年代以来，我国研究机构开始应用数学模型研究经济、能源等系统问题，但研究问题相对单一，大多数为经济政策、能源战略等方面问题展开相对独立研究，涉及系统之间关系时往往利用人工输入参数、外生变量等方法。20 世纪 90 年代以来，随着环境问题的加剧，尤其在应对气候变化政策研究中，以二氧化碳为主的温室气体排放问题涉及宏观经济系统、能源系统、环境领域，需研究温室气体减排对宏观经济的影响，以及减排的成本费用及实施最小成本费用战略措施等问题，原有相对独立的经济、能源等模型不仅需要增加环境子模块，而且需要有机地联系在一起，即需要具有反映系统之间相互影响机制的正反向联系，也就是需要将经济模型、能源模型、环境模型集成起来，这就是国际上比较常见的3E模型。混合模型的构建过程比较复杂，需要分阶段进行。

中国最早开展低碳经济发展情景研究工作的是国家发改委能源经济研究所，他们研究了中国发展低碳经济2050年的能源和碳排放情景（姜克隽等，2009）。

在有关中国二氧化碳减排问题模型开发方面，有代表性的模型如下：李善同、翟凡（1997）开发了一个动态递推中国CGE模型——DRCCGE研究中国二氧化碳减排问题，模型包括40个生产部门和6种生产要素：土地、资本、自然资源、农业劳动力、产业工人和专业人员。张中祥（1997）也建立了一个中国经济递推动态一般均衡模型，在给定线性目标函数和线性约束的条件下，模拟最优减排技术的选择问题。模型包括农业、重工业、轻工业、交通运输、商业、服务、煤炭、石油、天然气和电力10个部门。前6个部门提供产品和服务，后4个部门提供能源。生产函数是基于列昂惕夫生产技术的嵌套的不变替代弹性（Constant Elasticity of Substitution，CES）。贺菊煌等（2002）建立了一个静态CGE模型分析征收碳税对国民经济各部门的影响。姚愉芳、蒋金荷等应用系统动力学理论和IO方法[1]，研制了中国宏观经济系统动力学模型，分析二氧化碳减排对中国国民经济和主要耗能部门的影响。郑玉歆、樊明太（1999）采用比较静态分析方法，分析了不同碳税对我国二氧化碳排放以及宏观经济的长短期影响。国外学者对中国问题研究的有：曼尼和里克尔斯（Manne and Richels）的GLOBAL2100模型（2004）、马丁特（Martint）

---

[1] 国家气候变化对策协调小组办公室：《国家气候变化战略研究汇编》，北京，2001年。

等的 GREEN 模型（1992），这些模型均为全球模型，将中国作为多个区域中的一个区域来研究。王铮等（2013）近几年在 IAM 研制方面取得了可喜的研究成果，从应对气候变化角度对中国的碳排放控制策略进行了系统研究，从宏观经济战略、产业策略和区域碳排放责任分配角度，对中国碳排放的区域管理问题做了深入的探讨，提出了中国碳排放的若干政策性基础结论和战略模式，给出了碳减排分析的理论框架。

　　由于这些研究采用的模型方法、研究侧重点、基年不同，基准情景下的社会经济存在差异、一次能源消费量和二氧化碳排放量也相去甚远，从而得到的二氧化碳减排成本也千差万别。这也从一个侧面说明进行研制中国气候变化综合评价模型的必要性。

第六章　国际气候变化政策分析

第一节　气候变化政策概述

气候变化问题是 21 世纪人类共同面临的重大而复杂的挑战，国际社会围绕制定应对全球气候变化机制进行着斡旋与博弈。20 世纪下半叶以来，随着世界经济的快速增长，全球人口规模的不断扩大，以及能源大量开发和使用带来了严重的环境问题，对人类的生存和发展提出了严峻挑战。国际社会开始认识到气候变化问题的严重性，各国要求对气候变化进行研究并制定相应政策的呼声日益高涨。全球气候变暖危机日益加深，一直被视为"低级政治"的环境问题在国际关系中的紧迫性和重要性日益凸显，变得与"和平与安全"同等重要，上升为"高级政治"问题。作为全球性议题，气候变化政策已经成为大国博弈的重要领域。

第二节　美国气候变化政策分析

毫无疑问，美国也与其他区域一样，受到全球气候变暖的严重影响。科学家曾一度警告说，由于全球气候变化，北美西部山区会造成积雪减少，冬季洪水增加以及夏季径流减少，从而加剧过度分配的水资源竞争；海平面上升可能殃及佛罗里达、路易斯安那和其他地区人口众多的低洼地带；森林的丧失可能遗祸东南地区、落基山脉和其他地区；城市将面临范围更大、程度更严重的热浪袭击；北美沿海的社区和居住环境将日益受到与发展和污染相互作用的气候变化影响的压力（IPCC，2007a）。作为世界上综合国力最强大和第二大温室气体排放国，美国在全球气候治理中的地位举足轻重。然而，美国历届政府对待气候变化问题的态度并非总是一致的，在不同的历史时期，美国的气候治理政策不尽相同。如小布什政府在应对气候变化问题上所采取的单边主义政策和推卸责任的行为在国际社会广受批评；奥巴马政府在气候变化政策上采取了一些积极的措施，但从长远来看，这些政策也面临着多种困境。

一　美国气候变化政策的特点

自从奥巴马执政以来，其应对气候变化政策的核心主张是：在国内减少石油消费，鼓励清洁能源和低碳能源发展，提高能源使用效率，以此来减少温室气体排放量；在国际上积极参与气候变化问题上的多边合作，发挥全球领导作用。具体而言，主要包含以下几个方面（马建英，2009，2013；余建军，2011；王光照、孙艳艳，2012）。

（一）加大对清洁能源的投资，鼓励技术创新

奥巴马政府主张通过积极发展替代能源来减缓气候变化。加大用于清洁能源开发的投资力度，提高下一代生物燃料和燃料基础设施，扩大可再生能源的商业规模，创造新就业岗位。力争到2020年使生物能、太阳能和风能等可再生能源占美国电力来源的比例达到30%。政府颁布了一系列措施：增加联邦用于清洁能源的科研资金；设立岗位培训和过渡项目，帮助劳动者和企业适应清洁能源技术的发展与生产；促进先进生物燃料的研发和应用；加快发展和开发清洁煤技术，建立多个达到商业规模的碳汇设备；将联邦生产税收抵免（PTC）延期5年以鼓励可再生能源的生产；投资数字智能能源网，以满足在诸如可靠性、智能测量以及分布式存储方面的能源需求；设立国家低碳燃料标准（LCFS），加快引进低碳非化石燃料，该标准将要求燃料供应商至2020年减少10%的碳燃料排放，等等。

为了促进节能技术的开发，奥巴马政府还将鼓励厂商投资先进汽车技术，并将重点放在研发先进电池技术方面。同时，支持国内汽车制造厂商为美国的消费者引进充电混合动力车和其他使用清洁燃料的先进汽车，政府将为购买工艺先进的汽车的消费者提供7000美元直接的或可转换的税收抵免。这些投资无疑将促进国内能源、环境以及相关领域的科技创新和发展，不仅有利于近期新能源经济产业的成长并创造数百万个就业岗位，还有利于为美国未来经济的持续发展提供动力。

（二）节能减排，推动能源供应的独立

在美国，建筑物碳排放量约占碳排放总量的40%，比其他经济部门产生的排放增长速度更快。奥巴马政府承诺：到2030年将使所有新建筑物的碳排放量保持不变或零排放，在未来十年将新建筑物和现有建筑物效能分别提高50%和25%。奥巴马认为，联邦政府应当在减少能源消耗方面起到带头作用，作为总统，确保所有新联邦建筑物到2025年首先达到零排放，并且在未来五年内，将所有联邦新建筑物内的效能增长40%。

自尼克松时代以来，美国历届总统都承诺：采取一定措施增强能源独立，减少使用中东石油燃料，面对国际油价的急剧波动和全球气候变暖的不争事实，美国迫切需要寻找新的能源来源，提高能源的自给率和清洁化。随着美国页岩气开采技术的突破，美国的页岩天然气供应一直非常充足，而且价格便宜。美国的页岩气量由2000年不足美国天然气供应的1%，已提升到2013年的30%，而且份额仍在上升，2009年美国已经取代俄罗斯成为世界第一大天然气生产国，占全球天然气总产量份额的20%。2012年，美国天然气销售量高达7160亿立方米，比2006年增加30%。页岩油供应的大幅增长，导致美国解除了1975年以来出口原油的禁令，从而也引起了国际石油价格的下跌。这种能源供应结构的改变也会带来未来美国气候变化政策的改变。

（三）确定温室气体减排目标，建立气候变化应对机制

美国一直拒绝承诺温室气体减排的具体指标，但为了加强气候

变化双边合作的重要性，并将与其他国家一道努力，以便在 2015 年联合国巴黎气候大会上达成在公约下适用于所有缔约方的一项议定书、其他法律文书或具有法律效力的议定成果。中美两国元首于 2014 年签发《中美气候变化联合声明》，双方致力于达成富有雄心的 2015 年协议，体现共同但有区别的责任和各自能力原则，考虑到各国不同国情，双方宣布了两国各自 2020 年后应对气候变化行动，认识到这些行动是向低碳经济转型长期努力的组成部分并考虑到 2℃ 全球温升目标。美国计划于 2025 年实现在 2005 年基础上减排 26%—28% 的全经济范围减排目标并将努力减排 28%。中国计划于 2030 年左右二氧化碳排放达到峰值且将努力早日达峰，并计划到 2030 年非化石能源占一次能源消费比重提高到 20% 左右。双方均计划继续努力并随时间而提高力度。美国这一目标承诺刷新了美国之前承诺的 2020 年碳排放比 2005 年减少 17% 的目标。

对于气候变化应对机制，政府实施以市场为基础的"排放总量控制和交易"机制，期待通过这一机制建立起碳排放总量管制体系，将个体限额与允许排放的总量挂钩，以此来减少温室气体排放，增加联邦税收。为了确保对大众完全公开，防止不公正的公司福利政策，所有配额将以拍卖的方式进行。公司还可以自由买卖配额，这样，既可以降低成本，减少污染，又可以允许传统生产商有能力进行调整。

（四）重视国际合作，重建美国在全球气候治理领域中的领导地位

美国在 20 世纪七八十年代曾经是全球多边环境治理的积极领导者，在多个国际环境协议的达成和生效过程中都发挥了领导作用。然而，进入 90 年代以来，美国却逐渐成为全球环境治理的消极参与者，尤其在全球气候治理领域，尽管美国几届政府也试图为气候问题的"善治"做出努力，但是，总体来看，"虚"多于"实"（马建英，2013）。老布什政府的被动应付，对待气候问题缺乏战略高度；克林顿政府态度上较为积极，但气候变化政策的执行能力较弱；小布什政府初期奉行单边主义政策，强行退出《京都议定书》。

从小布什政府的气候变化政策不难发现，其执政初期奉行单边主义外交，强行退出《京都议定书》，在其执政后期，逐渐认识到气候变化问题的现实性和严重性，赞同各国合作减排的主张，但并未采取相应的实质性减排行动。如今奥巴马政府力图恢复美国在应对气候变化威胁方面的领导地位，采取了一些政策措施。在《联合国气候变化框架公约》下，重启致力于解决气候问题的主要国际论坛[①]；在能源部管辖范围内创立技术转让方案，致力于向发展中国家输出"气候友好"型技术，包括绿色建筑、清洁煤炭和高档汽车，帮助它们增强应对气候变化的能力；在国际社会倡导能源安全成为全球共同目标的发展理念；加强保护森林这一碳汇在应对气候变化中的作用，实施对森林进行可持续的管理。

奥巴马政府气候政策的这些积极变化无疑突出了美国在削减全球温室气体排放量达成新协议的全球气候变化谈判中的领导地位，在全球气候治理领域起着主导作用，国际社会完全可以期待美国政府在"后京都国际气候机制"达成方面展示出更有远见的姿态。

二　美国气候变化政策面临的困境

从宏观决策层面，奥巴马政府将刺激经济复苏、能源结构调整与气候变化政策相互连接，统筹兼顾，符合当今世界发展的潮流。在应对气候变化问题上的积极态度也使国际社会有理由相信美国在全球气候多边治理中会比以往更有所作为。然而，考虑到美国国内政治生态与结构的多样性和复杂性，这些气候新政能否达到预期目标，还面临着诸多困境和挑战（马建英，2009，2013；余建军，2011）。

（一）与化石燃料相关的二氧化碳排放量会长期维持在高位

美国的能源消费主要包括煤、石油、天然气、水能和核能，以化石燃料为主，可再生能源所占比例较低。充足和廉价的能源供应

---

① 2009 年 4 月 27 日，世界温室气体排放量最大的一些国家在美国专门就全球能源和环境问题召开了"全球能源论坛"，参加论坛的国家包括八国集团的全体成员以及中国、印度、巴西、墨西哥和南非。

促进了美国社会经济的巨大进步，但却不利于其能效的提高。事实上，美国的人均能源消耗量比其他发达国家高出约70%。美国仅占世界人口总量的5%，却消耗了全世界18%的能源。相应地，历史上，与化石能源相关的二氧化碳排放占据了美国二氧化碳排放总量的90%以上。近几年，随着页岩气、页岩油非常规能源的大规模开采和使用，降低了对传统化石能源的需求。但是，由于国际油价的波动，都会影响页岩企业的投资发展。与其他资源相比，丰富的储备以及开采和运输条件的改善使得煤炭价格更为低廉，这意味着煤炭在美国未来的电力需求中将继续扮演关键角色。由于煤炭的高含碳量，因此可以预见，美国未来与能源相关的二氧化碳排放量将会维持在一个较高的水平。

另据美国能源信息局的研究，在经济危机背景下，美国化石能源排放的二氧化碳排放量在2008年和2009年分别下降了3%和近7%。与此同时，2027年之前，美国的二氧化碳排放总量将不会超过2005年的水平（5980百万公吨）。然而，2027—2035年，美国的二氧化碳排放量将会再增长5%，达到6315百万公吨。[①] 这意味着在2005—2035年，美国化石能源排放的二氧化碳排放将会以年均0.2%的幅度增长。同样，在这一时期，由于对电力和交通燃油需求的增长会被较高的能源价格、能耗标准、各州政府的可再生能源标准、联邦政府制定的公司平均燃油经济标准等因素所抵消，美国的人均二氧化碳排放量将会以年均0.8%的幅度下降。从总体上看，美国在未来数十年依旧会是全球主要的二氧化碳排放国，这意味着美国在全球温室气体减排中理应负有相对应的责任。

（二）国际气候谈判博弈的复杂性

从1988年"政府间气候变化专门委员会"（IPCC）的成立到1991年"政府间气候变化谈判委员会"的建立，从1992年《联合国气候变化框架公约》（UNFCCC）的签署到1997年签订《京都议

---

① U. S. Energy Information Agency, "AEO 2011 Early Release Overview", available at: http://www.eia.gov/forecasts/aeo/pdf/0383er（2011）.pdf.

定书》，再到 2007 年"巴厘岛路线图"的确定，可以说国际气候谈判是一个多层次、多维度、多领域的复合博弈过程。这不仅仅是发达国家与发展中国家之间的矛盾问题，就单个国家而言，其领导人也要面临着国际层次与国内层次的双层博弈。如小布什政府之所以退出《京都议定书》，其理由就是"关键性发展中国家（中国、印度等）没有承诺减排义务"、"强制性减排会损害美国国内的经济利益"等。而上述"理由"不可能因奥巴马上台而立刻消失。毕竟，决定美国气候变化政策走向取决于其国际博弈与国内博弈的交集点，即国家利益，而非总统个人的选择。

在国际气候谈判中，美国的气候变化政策受到了一些贫穷国家和小岛国家联盟（AOSIS）的强烈批评。由于贫穷国家基础设施落后，科技水平有限，在应对气候变化方面的脆弱性更差，如果不尽快遏制气候变化，这些国家将会面临国家治理能力溃败的危险。而小岛国家则会遭受海平面上升的威胁，它们当中的一些甚至会在 21 世纪失去 80% 的国土面积。基于此，小岛国家和贫穷国家对美国长期以来逃避温室气体减排责任的行为抱怨不已。

与此同时，美国还受到其他发达国家（集团）减排的压力。例如，作为国际环境治理中的积极领导者，欧盟不仅在区域内实行领先的环保标准，在国际层面还积极开展环境外交，倡导以多边主义方式推动各国参与应对气候变化的行动。在 2001 年美国退出《京都议定书》使国际气候变化谈判几近陷入僵局之际，欧盟则积极运用其外交力量，动员其他国家支持和加入《京都议定书》。一方面，针对加拿大和日本等国仍对《京都议定书》的执行机制持有异议的情势，欧盟、77 国集团及中国在谈判中经过磋商，采取了灵活的态度，最终促使各方达成《波恩政治协议》和《马拉喀什协定》。这两个协定既帮助了发展中国家进行环境保护，又规定了碳汇的计算方法及允许使用碳汇额度的上限，使对《京都议定书》附件 I 国家减排义务的规定大大弱化，也为议定书的生效提供了可能。另一方面，欧盟还以支持俄罗斯加入世界贸易组织为条件，积极推动俄罗

斯批准《京都议定书》①，从而为《京都议定书》的最终生效扫清
了障碍。可见，欧盟在《京都议定书》谈判进程中所扮演的"领导
者"角色已经给美国带来了前所未有的压力。

由于《京都议定书》的第一个承诺期于 2012 年结束，如何构
建后京都时代的国际气候制度，成为当前国际社会面临的重要任
务。更为重要的是，国际气候政治的博弈不仅表现为领导权之争，
还表现为国家发展模式的竞争。如果美国不在全球气候治理中"有
所作为"，那么有可能丧失国际社会对美国式资本主义发展模式的
信心，从而削弱美国在世界上的影响力和吸引力。因此，如何夺回
美国在全球气候治理中的领导权并重塑民众对本国发展模式的信
心，成为未来美国政府不可回避的课题。

（三）国际伦理和道义压力

如何应对气候变化问题，这不仅是科学技术领域的课题，还是
一个伦理问题（钱皓，2010）。而美国在全球气候治理中的"不作
为"必将使其面临巨大的国际伦理和道义压力。

首先，气候变化问题上的不确定性不能成为任何国家推脱气候
伦理责任的理由。在诸如气候变化这样的环境问题中，当气候变化
科学不确定性不能就该问题对人类健康的危害和可能产生的环境后
果做出明晰的预测时，伦理问题就产生了。这是因为，即使科学可
以精确地描述出气候变化的危险层次，那么这里还有一个"接受
性"问题。也就是说，从科学的结论来看，气候变化的确引起了一
些特定的威胁或者风险，但是，在缺乏首先决定某个固定的接受标
准的情况下，没有人可以预知这种威胁是否可以被普遍接受。因
此，"接受性"标准应当看作是一个伦理问题，而非科学问题。忽
略上述问题将意味着人类的健康和环境会被置于一种"合法性危
险"情景之下，即决策者在潜在的环境威胁面前选择不采取行动。
虽然气候变化的科学性尚存争论，但是，它所引起的一些危害的确
已经发生。世界各国应当采取预防性措施来预测、阻止或者将气候

---

① 2004 年 10 月 22 日，俄罗斯国家杜马在全体会议上批准了《京都议定书》。

变化的诱因最小化，以此来减缓其负面影响。只要存在危害或者不可逆转的破坏，人类社会就不能以缺乏百分之百的科学确定性为理由来推迟采取气候治理行动。对于美国而言，上述伦理问题同样需要正视。

其次，国际气候正义原则要求美国理应采取有效行动来应对气候变化。气候变化中的正义内容主要包括：人与自然平等相处、国际社会中的权益和义务承担要遵循普遍规范和标准。对前者，几乎没有一个国家能够完全做到人与自然的平等相处；对后者，由于国际社会的规则、规范和标准是由那些早先进入国际社会的主要大国制定的，而那些国际社会的迟来者则很难在"祖父原则"下获得公平的利益和权利。[①]"共同但有区别的责任"是国际气候机制中一个最为重要的原则。根据该原则，发达国家缔约方应该率先采取行动，尽最大努力减少温室气体排放。而发展中国家在得到发达国家的技术和资金支持的前提下，有责任采取一定的措施减缓或适应气候变化。这里的"共同"强调各缔约国均对生态环境链有着整体性和关联性责任，"区别"则强调了先发国家的历史责任，兼顾了后发国家的发展需要，体现了一种公平精神。美国每年人均排放 25 吨的二氧化碳，比欧盟的人均排放高出两倍，大约是世界平均水平的 4 倍。如果美国不顾国际社会的观感而践踏国际气候伦理规范，必将会给自身的道义形象带来负面影响。

第三节　欧盟气候变化政策分析

欧盟是应对全球气候变化的倡导者与先行者，经过多年的调整，目前，欧盟以气候变化政策为平台，对内实现可持续发展，对外通

---

① 国际关系中的"祖父原则"最初可追溯至第二次世界大战结束后，战胜国和后来的发达国家在重新设置国际制度时已经考虑将以"祖父原则"为基础，以制度规范认可发达国家和发展中国家在各个领域的权利差异（钱皓，2010）。

过"气候外交"提升全球影响力的战略已初步成型（陈新伟等，
2011；崔艳新，2010；周剑等，2010）。

一　欧盟应对气候变化政策

（一）《气候行动与可再生能源一揽子计划》

为了把握在全球应对气候变化行动中的领导权，欧盟于 2007 年
3 月提出了一项"能源和气候一体化决议"，此项决议的核心内容是
"20—20—20"行动，即承诺到 2020 年将欧盟温室气体排放量在
1990 年基础上减少 20%，若能达成新的国际气候协议（其他发达
国家相应大幅度减排，先进发展中国家也承担相应义务），则欧盟
将承诺减少 30%；设定可再生能源在总能源消费中的比例提高到
20% 的约束性目标，包括生物质燃料占总燃料消费的比例不低于
10%；将能源效率提高 20%。为达成上述目标，欧盟委员会于 2008
年 1 月 23 日提出了"气候行动和可再生能源一揽子计划"的新立
法建议，也被称为欧盟气候变化扩展政策。2008 年 12 月 17 日，欧
盟议会正式批准了这项计划。计划内容包括加大温室气体控制范
围，扩展欧盟排放交易机制（EUETS）；在成员国之间推行责任分
担协议（Burden Sharing Agreement，BSA）机制；制定约束性可再生
能源目标，强调推行生物质燃料；制定关于碳捕获和封存（CCS）
以及环境补贴的新规则。该计划在欧盟气候和能源政策领域具有里
程碑意义，成为欧盟日后参与应对气候变化国际谈判的主要依据与
基础，也为欧盟在全球气候合作中更好地发挥整体作用扫清了
障碍。

（二）《适应气候变化白皮书》

2009 年年初，欧盟在已建立较完备的气候变化减缓制度的基础
上，提出了应对全球气候变化战略的另一个关键词，即"适应"。
欧盟将在采取措施减缓气候变化强度和速度的同时，对当前经济与
社会生活进行必要调整以适应气候变化的影响。为此，欧盟委员会
出台了指导欧盟适应气候变化影响政策的《适应气候变化发展白皮
书》，将 2009—2012 年规划为实施"适应"战略的第一阶段，2013
年开始第二阶段。第一阶段以四项行动为支柱：一是建立起气候变

化对欧盟影响及后果的知识基础；二是将"适应"战略融入欧盟主要的政策领域；三是综合运用各种政策工具解决资金问题；四是开展国际适应合作。

为此，欧盟提出一项"扫屋机制"，建立一个庞大的数据库，将气候变化对成员国的影响、各国的脆弱性以及最佳适应性实践等方面的信息和研究成果进行整合，为欧盟应对气候变化决策提供依据。鉴于气候适应行动需要全欧范围内的协调和部署才能充分发挥效果，欧委会计划成立"影响和适应领导小组"，由各成员国负责国内和地区适应行动的代表组成，并组织一个专门的技术团队为关键领域的决策提供支持，同时吸收来自市民社会和科学团体的各种建议。白皮书还将欧盟的气候适应战略纳入欧盟对外政策的一个组成部分，即欧盟如何与邻国和发展中国家合作，提高它们的适应和恢复能力。同时，也涉及在对外贸易政策中嵌入"适应"战略，在将欧洲先进的环保技术通过贸易带到其他国家的同时，挖掘"绿色贸易"给欧洲带来巨大的增长潜力和就业机会。

（三）《哥本哈根气候变化综合协议》

为推动哥本哈根联合国气候变化谈判达成2012年后全球气候变化合作协议，欧盟在经合组织国家中率先承诺了2012年后的减排目标，并提出了"后2012谈判方案"——《哥本哈根气候变化综合协议》。协议重申了欧盟减排20%—30%的承诺，并提出了以公平并确保对等减排努力的方式对发达国家的总体减排目标进行分配。指标分配中必须考虑的参数包括人均国内生产总值、单位国内生产总值温室气体排放、1990—2005年的温室气体排放趋势及人口趋势。同时，欧盟认为，尽管发达国家应继续，特别是在未来短期内，在减排中发挥重要作用，然而，发展中国家的温室气体排放量迅速增加，如果这种情况得不到遏制，将抵消发达国家为减少排放而做出的努力。欧盟提出，根据一份科学报告，发展中国家作为一个整体，应在2020年前将其温室气体排放量增长比基础排放量降低15%—30%。因此，除最不发达国家以外，所有发展中国家都应致力于在2011年年底前实施低碳发展战略，实施可测量、可报告和可核查的国家减排行动。同时，欧盟认为，应在《联合国气候变化框架公约》下，为国际航运业和海运业设定减排目标，到 2020 年，将其对气候变化的影响降至 2005 年的水平以下；到 2050 年，降至远低于 1990 年的水平。此外，欧盟《哥本哈根气候变化综合协议》还在完善国际资金管理机制、发展全球碳交易市场方面提出了设想。

二　欧盟气候变化政策影响的分析

（一）中方将承担更多来自欧盟在减排责任方面的压力

当前气候变化议题已成为欧盟发挥全球影响力和主导权的重要手段，欧盟凭借先期开展减排行动获得的经验，单方面做出到 2020 年减排 20% 温室气体的承诺，与其在《京都议定书》谈判中随行就市地将减排目标由 15% 降至 8% 相比，显示出欧盟致力于在后 2012 国际气候合作中发挥更大作用的决心。自美国众议院 2009 年 6 月通过《清洁能源安全法案》后，欧美之间关于气候变化问题全球领导权的争夺更为激烈，双方都意图建立一个由自身主导的全球环境体制，欧盟对于发展中国家应承担何种减排责任的态度变得更为强硬。《哥本哈根气候变化综合协议》的颁布，标志着欧盟在其过去一贯坚持的"共同但有区别的责任"原则立场上的倒退，当前，欧盟关于发展中国家在国际气候合作中应承担更多责任问题上已接近美国在《京都议定书》谈判期间的立场。欧盟在包括哥本哈根会议在内的多个国际场合反复强调发展中国家应在 2010 年后的国际气候合作中发挥恰当的作用，承担更多的减排责任，并建议"应该探讨如何让除最不发达国家和小岛屿国家之外的其他发展中国家在其资金能力基础上为国际资金机制做出更多贡献"。在已结束的哥本哈根会议上，尽管欧盟提出的"三可"苛刻要求由于发展中国家的强烈反对最终未获通过，但料想中国作为最大的发展中国家和排放大国，未来将承担更多来自欧盟在实现减排目标方面的压力。

（二）"边境碳调整"政策对欧出口的影响

"边境碳调整"（Border Carbon Adjustments，BCA）是在气候变化的国际背景下，由欧盟、美国及其他 OECD 国家最先提出的一项贸易措施，其目的在于：一方面，某些经济体由于实施较为严格的温室气体减排政策，增加了其本土企业的生产成本，使其与其他经济体内的企业相比，竞争优势减弱，试图通过对来自无强制减排义务或减排力度较小的经济体的产品或服务征收边境碳税，以矫正市场竞争的扭曲。另一方面，其担心由于实施强制减排政策，经济体内的能源密集型企业外迁，避免由此引发的"碳泄漏"现象。同时，欧盟、美国等经济体意图通过边境碳调整措施使中国等主要的发展中国家在2012年后的全球气候治理中采取强有力的减排行动。

　　英国的"新经济基金会"智库于2003年就提出应向来自未履行减排义务国家的进口产品征税，以此来弥补实施减排政策带来的国内企业竞争力的损失。2007年年底，欧盟在一项改革现行碳排放交易制度（ETS）的草案中提出，从2015年起，对于来自存在碳泄漏风险的国家或地区的各种产品进入欧盟市场必须满足"碳排放配额的进口要求"。2008年年初，时任欧盟轮值国主席的萨科奇反复强调：从那些不承担温室气体减排义务的国家进口能源密集型产品时应采取边境碳调整措施，并坚称欧盟"没有理由从那些不遵守任何环境法规、标准的国家进口商品"。在哥本哈根大会结束后的两次欧盟环境部长级会议上，包括法国、瑞典、比利时、西班牙在内的多数欧盟成员国均表态支持应尽快实施"边境碳调整"措施。欧盟主要智库之一的欧洲政策研究中心于在2009年12月底的报告中指出，"欧盟应该考虑对没有采取减排手段国家出口到欧盟的商品征税"，欧盟"边境碳调整"措施已然箭在弦上。

　　目前，欧盟提出的"边境碳调整"措施主要有两种形式：一种是对来自未承担量化减排义务国家的进口产品加征碳税，使税收标准达到与对本国产品同样的水平。同样，允许出口国对国内生产的出口产品进行相应的税收返回，以保证该产品在国际市场的竞争力。另一种是要求产品的进口商或国外出口商基于产品在生产过程中产生的温室气体排放量，从国际碳市场或区域性碳市场购买相应的碳排放信用，使其等量于本国的生产商。无论采取哪种形式，"边境碳调整"措施的实施，都将对国际贸易格局及中国出口产品竞争力产生重大影响。

（三）实施更严格的行业标准与产品标识制度

除通过"边境碳调整"措施促使发展中国家采取更强有力的减排行动外，欧盟也正在积极酝酿出台更多和环志相关的行业标准与产品标志，以达到保护自身产业竞争力的目的。截至 2008 年年底，欧盟已经通过指令立法程序，正式将在欧盟境内起降的所有欧盟和非欧盟航班排放纳入欧盟温室气体排放交易系统，有意通过"总量交易"的模式来限制航空的温室气体排放。目前，也正在审查关于海运排放的多个市场措施，一旦实施，中国的运输工具如不能符合其相关要求，都将在港口国的监督检查中面临被滞留和处罚的风险，届时将给对欧出口商带来大量的不可测成本。

在产品标识方面，多个欧盟成员国已启动了对商品实行"碳足迹"与"碳标签"管理的探索。英国政府资助成立了碳信托公司（Carbon Trust），鼓励向英国企业推广使用碳标签。英国最大的零售商特易购（Tesco）表示，未来要对所有商品都加注碳标签，并从 2008 年 4 月开始在 20 种商品上进行试点。法国政府也积极鼓励零售商对碳足迹进行核算，并签发了零售商和贸易企业可持续发展的规定。欧盟委员会正积极推出新的规则，对生物燃料的碳足迹衡量做出强制性规定。随着欧盟与碳排放核定相关的产品标志实践的日益成熟，将可能进一步通过立法法规，要求所有进入欧盟市场的进口商品对碳足迹进行统一测度，并强制推广碳标签的使用。这无疑将大大增加中方企业在生产、加工、检验、认证等环节的直接或间接费用，成为中国企业进入欧洲市场的另一道"绿色"屏障。

（四）中欧低碳技术领域的交流

欧盟掌握了全球最先进的清洁能源技术与环保技术，尤其是欧洲企业在废水处理基础设施、废品管理基础设施和操作、空气污染控制技术以及可再生能源技术方面具有竞争力，同时在治理危险废品、空气污染、土壤和水等环境服务领域也是全球的领先者。而中国作为最大的发展中国家，正处于工业化和城镇化的快速发展阶段，面临着资源约束加大、生态环境恶化的沉重压力，是全球新能源、可再生能源需求最大和增长速度最快的国家。据欧盟委员会的报告，2010年，中国可持续技术和服务市场可达到256亿欧元，其中至少有12项可持续技术和服务将来自欧盟供给国际贸易论坛经贸国家，这将给中欧在可再生能源、环保设备与技术交流方面带来巨大的合作空间。

尽管世界各国已达成共识，认为"先进技术的研究、开发和应用是解决气候变化的最终手段"，《联合国气候变化框架公约》和《京都议定书》也都特别强调："向发展中国家转让先进技术，是帮助发展中国家参与国际气候变化减排的重要手段"。但是，长期以来，欧盟、美国等发达国家总是出于产业竞争力的考虑，以各种借口拖延履行该项义务。在"哥本哈根会议"上，包括欧盟在内的发达国家仍然未对给予发展中国家资金、技术以及能力建设方面的支持做出具体承诺。2005年9月，中国和欧盟曾发表了《中国和欧盟气候变化联合宣言》，确定中欧将在低碳技术开发、应用和转让方面加强务实合作，以提高能源效率，促进低碳经济。但是，欧盟现今还保持着对华出口高新技术领域产品和服务的限制，其中相当一部分技术与环保和清洁能源相关。

尤其值得注意的是，欧盟在《哥本哈根气候变化综合协议》中提出了对现有联合国减排补偿机制——清洁发展机制的改革设想，未来将信用额只发放给那些"实际完成超额减排"并且优先考虑低成本方案的项目。欧盟认为，清洁发展机制应主要适用于最不发达国家，而为推动限额交易制度在发展中国家的推广，对于较发达的发展中国家和具有强大竞争力的经济领域，则应由"一个产业性碳市场信用额发放机制"逐步取代。这将对包括中国在内的发展中大国筹集应对气候变化所需资金以及引进低碳技术产生不利影响。

第四节　日本气候变化政策分析

日本作为环保大国和最早推行环境外交的国家，试图在具有技术和制度优势的环境能源领域发挥领导力，在国际上开展气候外交，积极参与并推动国际气候谈判与合作，并在国内采取多项政策措施以实现温室气体的减排（陈体珠等，2013；刘大炜等，2013；邵冰，2010）。

一　积极参与国际气候谈判，提高日本在全球气候治理中的主导作用

20 世纪 80 年代，日本提出"政治大国"的战略目标，试图在国际社会谋求与其经济地位相称的政治地位并发挥更大的影响力。同时，日本国内经过全国上下的努力，成功地解决国内环境问题后，也开始把关注的目光转向了外部的环境问题。而国际气候谈判为日本提供了一个展示自己能力与影响力的绝好机会，日本开始积极地参与到国际环境事务中。

1990 年，联合国决定发起《联合国气候变化框架公约》谈判，国际气候谈判正式拉开序幕。1992 年 5 月 22 日，联合国政府间谈判委员会就气候变化问题达成公约——《联合国气候变化框架公约》（UNFCCC），并于 1992 年 6 月 4 日在巴西里约热内卢举行的联合国环发大会（地球首脑会议）上通过。这是世界上第一个为全面控制二氧化碳等温室气体排放，以应对全球气候变暖给人类经济和社会带来不利影响的国际公约，也是国际社会在对付全球气候变化问题上进行国际合作的一个基本框架。公约要求发达国家率先采取行动应对气候变化，到 20 世纪末，将其二氧化碳和温室气体排放量恢复到 1990 年的水平，规定发达国家向发展中国家提供资金供给、技术转移、能力建设等援助义务。1994 年 3 月 21 日，《联合国气候变化框架公约》生效。在 1992 年联合国环发大会上，日本不仅承诺限制有害气体排放，还承诺五年内为环保事业提供 1 万亿日元援助，远远超过欧盟承诺的 40 亿美元和美国承诺的 10 亿美元援助额，为日本赢得了良好的国际声誉。

为了取得在国际气候问题上的领导地位，日本积极谋求成为《联合国气候变化框架公约》缔约方大会的主办国。1997 年 12 月，《联合国气候变化框架公约》第三次缔约方大会在日本京都召开，会议通过了《京都议定书》。在《京都议定书》的第一承诺期，即

2008—2012 年，主要工业发达国家六种温室气体排放量要在 1990 年的基础上平均减少 5.2%，其中，欧盟削减 8%，美国削减 7%，日本削减 6%。《京都议定书》需要占全球温室气体排放量 55% 以上的至少 55 个国家批准才能生效。日本对议定书的生效问题相当重视，由于议定书是以日本地名命名的，一旦议定书生效，国际社会将会记住日本在环保领域做出的突出贡献，而议定书的流产将意味着第三次缔约方大会的失败和日本环境外交的重大挫折。日本希望通过发表积极的减排目标等方式敦促其他国家效仿，从而主导气候谈判。但是，由于气候谈判问题关系到各国的国家利益，很难轻易妥协，因此，日本的率先垂范屡屡受挫。先是 2001 年 3 月，布什政府以"减少温室气体排放将会影响美国经济发展"和"发展中国家也应该承担减排和限排温室气体的义务"为借口，宣布拒绝批准《京都议定书》；后来，澳大利亚也追随美国，宣布退出《京都议定书》。虽然同为"伞形集团"成员的美国、澳大利亚等国拒绝批准，但是，日本仍积极敦促并希望美国能改变决定；试图说服美国批准《京都协定书》。最终，在俄罗斯等国家同意批准后，《京都议定书》于 2005 年 2 月 16 日正式生效。这是人类历史上首次以法规的形式限制温室气体的排放，是设定了强制性减排目标的第一份国际协议。

除了积极参与国际气候谈判，日本还利用八国集团峰会等平台，试图发挥日本在制定规则等方面的主导作用。在 2007 年 6 月德国八国集团峰会上，安倍提出了"美丽星球 50"构想，即在 2050 年实现全球温室气体排放量减半的目标。安倍提出，《京都议定书》存在一定的局限性，世界需要一个新的行动框架，让每一个国家都加入世界温室气体减排的行动中来。2008 年 7 月，八国集团峰会在日本北海道召开，日本以温室气体减排为八国峰会的主题，充分反映出其期望以倡导国际环境对话与合作确立气候合作主导权，实现日本"大国化"的战略理念。

在双边层面，日本尤为注重与美国、中国和欧盟的气候变化合作。在非洲，日本也采取了相应措施，福田在 2008 年 1 月举行的达沃斯年会上决定，日本将向非洲的马达加斯加和塞内加尔提供约18亿日元的无偿资金援助，用于购买防灾、救灾及抑制温室气体排放所需的物品，资金援助还将扩展至亚洲、非洲以及中南美洲的41个国家。气候外交与对非洲外交的结合，将有利于日本扩大对非影响力，确保其在非洲的能源利益。

二 日本温室气体减排政策

日本认为，在地球环境问题上发挥主导作用是日本为国际社会做贡献的主要内容。因此，不仅积极参与并推动国际气候谈判与合作，在国内也采取多项措施，以减少温室气体的人为排放和增加温室气体的吸收率。如对于使用节能设备的单位，日本政府给予税收、贷款等多面的优惠；普及节能汽车；普及家庭住宅节能系统；减少家庭电器、办公室自动化设备待机耗电等。使用清洁新能源和再生能源：提倡使用太阳能、核能发电。

第一，开发新能源，日本在应对气候变化方面注重与国家能源战略的协同效应，一直重视能源的多样化，投入巨资，开发利用太阳能、风能、光能、氢能、燃料电池等可再生能源和新能源技术，并积极开展潮汐能、水能、低热能等方面的研究。

第二，加强减缓气候变化的新技术开发，重点研究温室气体贮存、固定技术，研究开发有利于减缓气候变化的环保新技术等。加强绿化，减缓气候变化。日本政府重视森林吸收二氧化碳的作用，大力提倡植树造林，加强城市楼顶种花、种草等绿化工程。

第三，大力宣传、教育、普及减缓气候变化意识，利用各种手段，加强与减缓气候变化有关的知识的宣传、教育。提倡有利于减缓气候变化的消费方式和生活方式：日本政府提倡"夏时制"；提倡夏季将空调温度由26℃调到28℃，调高2℃便可减排温室气体17%；提倡上班骑自行车、乘坐公共交通工具，少开私家车；提倡国民购买低碳环保商品等。

三 后《京都议定书》时代日本的气候变化政策

《京都议定书》生效后，"后京都"谈判艰难启程。2005年12月，在加拿大蒙特利尔召开的第十一次缔约方会议决定启动"后京都"谈判。2007 年 12 月,印尼巴厘岛气候大会着重讨论了"后京都"问题,即《京都议定书》第一承诺期在 2012 年到期后如何进一步降低温室气体的排放。大会通过"巴厘岛路线图",明确规定《公约》的所有发达国家缔约方都要履行可测量、可报告、可核实的温室气体减排责任,从而把美国纳入其中。除减缓气候变化问题外,还强调了另外三个在以前国际谈判中曾不同程度受到忽视的广大发展中国家在应对气候变化过程中所极为关心的问题,即适应气候变化问题、技术开发和转让问题以及资金问题。印尼巴厘岛联合国气候变化大会正式启动了"后京都时代"。

由于日本民间和产业界对《京都议定书》所规定的日本温室气体减排目标一直颇有微词,因此,日本希望在"后京都"谈判中争取主导权,以减轻日本温室气体的减排压力。2008 年 1 月,福田首相在达沃斯世界经济年会上提出了"凉爽地球推进构想"。该构想包括三项提案:一是构建"后京都框架";二是国际环境合作;三是技术创新。其中,第一项内容引起很多争议,因为它提出,修改《京都议定书》确定的减排目标基准年,不再沿用此前设定的 1990年。西欧国家在 20 世纪 90 年代后才开始引进节能措施,而日本在20 世纪 70 年代的石油危机后,就开展了大规模节能运动,到 1990年时温室气体排放量已经降低到相对较低的水平。《京都议定书》规定,工业国家要以 1990 年的排放量为标准,日本认为,这显然对其十分不利。因此,福田提出不以 1990 年为标准,实际上是在为日本解套。

2009 年,日本提出了"减排 25%"的目标。在此之前,福田内阁虽然提出了 2050 年比 2005 年减排 60%—80% 的长期目标,但未就 2020 年中期目标表态;麻生内阁提出 2020 年比 2005 年削减15%(换算成 1990 年则是削减 8%)的目标。

2010 年 5 月,日本众议院环境委员会通过了《气候变暖对策基本法案》,提出了日本中长期温室气体减排目标:到 2020 年,日本要在 1990 年的温室气体排放基础上削减 25%;到 2050 年,要在1990 年基础上削减 80%,并提出要建立碳排放交易机制以及开始征收环境税。与之前的自民党政府相比，日本民主党政府在温室气体减排问题上看似态度较为积极，但也存在问题，日本对国际社会做出上述承诺的前提是："主要国家要就构筑公平的具有实效性的应对气候变化国际框架和设定积极的减排目标达成一致。"日本所说的"主要国家"包括发展中国家，然而，《京都议定书》没有规定发展中国家的减排标准，但是，在"后京都议定书时代"日本却要将发展中国家也拉进这个框架中来，有违《联合国气候变化框架公约》的规定，发展中国家与发达国家承担"共同但有区别的责任"的原则。实际上，日本既给自己预留了政策空间，同时试图通过经济援助、技术转让等手段使那些排放量较大的发展中国家对日本有所需求。

第七章　中国气候变化政策分析

　　中国政府一贯高度重视气候变化问题，把积极应对气候变化作为关系经济社会发展全局的重大议题，纳入经济社会发展中长期政府规划，"节能减排"成为中国各级政府执政业绩考核的一项重要指标。但不可否认，中国在控制能源消费、加强环境保护和促进国内低碳发展方面的工作成效还不能令人满意。环境现状其实主要就是这十几年来一系列经济社会、环境、资源政策施行的综合影响结果。政策评价在发达经济体是政策制定过程中的一项重要内容，如英国能源和气候变化部（DECC）提供专门用于政策评估的指南和评估模板，明确了评估的准则和主要指标等（DECC）。因而，无论是从政策的完善，还是从政策影响和效率的评价而言，对现有气候政策进行系统分析都是很有必要的。

　　制定政策的目的就是节能减排，提高能源效率，改善环境，实行低碳发展。政策工具的施行可以帮助政府部门促进节能减排，成为减缓气候变化的有利因素，但也存在政策执行的不利因素，成为抑制低碳发展的障碍。对于气候变化的政策工具，从施行方式看，可分为市场手段和非市场手段两大类，前者包括资源税、碳税等经济工具，后者包括行政规划、法规法律和认证标准等；从施行地域看，又分为国家层面和省市级层面。

　　在过去，中国政府大多采取非市场的命令和管制工具及示范项目等政策措施来应对气候变化。近年来，中国政府的政策制定已经发生变化，形成多元化的政策工具组合，越来越多地利用市场手段，如自 2007 年以来出台了新的经济资助计划，包括退税、补贴和新的信息工具，如认证标签制度，其目的是利用市场机制创造经济刺激，增加低碳节能投资，并提高市场的透明度。中国积极响应全球应对气候变化行动，既包括国内出台的政策，也包括国际层面的行动计划。

第一节　国家层面政策体系

一　制度建设：确立"生态文明"的发展理念

2013 年 11 月中国共产党第十八届中央委员会第三次全体会议通过了《关于全面深化改革若干重大问题的决定》，这是指导未来中国各个领域工作的指导思想和行动准则，包括 16 个领域、60 个方面的改革，其中，"加快生态文明制度建设"作为其中一个领域单独列出，明确提出："建设生态文明，必须建立系统完整的生态文明制度体系，实行最严格的源头保护制度、损害赔偿制度、责任追究制度，完善环境治理和生态修复制度，用制度保护生态环境。"① 生态文明制度建设和可持续的发展理念为中国应对气候变化制定政策提供了制度保障和进行顶层设计的指导思想。

二　颁布法律和立法

政策以法律条文形式颁布从法律上建立一套应对气候变化的制度框架。中国现行法律与气候保护、改善环境相关的法律共有 5 部，如从最早的《中华人民共和国环境保护法》和最近的《中华人民共和国可再生能源法》（见表 7 - 1）。需要指出的是，对气候变化进行单独立法已提上日程，国家发改委、全国人大环资委和其他有关部门联合成立了应对气候变化法律起草工作领导小组，同时借鉴其他国家相关法律的基本框架，目前正在进行法律条文草案研讨阶段。

三　制定特定时期规划和行动计划，有些带有强制性的约束目标

为了有效地控制碳排放，中国政府和行业管理部门在制定未来特

---

① 《加快推进生态文明制度建设》，《光明日报》2012 年 12 月 25 日第 11 版。

表 7-1　　　　　　　　　　与气候保护相关的法律

法律名称	颁布机构	通过时间	施行时间
中华人民共和国环境保护法	十二届全国人大常委会	2014 年 4 月 24 日第八次会议	2015 年 1 月 1 日（修订版）
	七届全国人大常委会	1989 年 12 月 26 日第十一次会议	1990 年 1 月 1 日
中华人民共和国节约能源法	十届全国人大常委会	2007 年 10 月 28 日第三十次会议	2008 年 4 月 1 日（修订版）
	八届全国人大常委会	1997 年 11 月 1 日第二十八次会议	1998 年 1 月 1 日
中华人民共和国大气污染防治法	九届全国人大常委会	2000 年 4 月 29 日第十五次会议	2000 年 9 月 1 日
中华人民共和国清洁生产促进法	十一届全国人大常委会	2012 年 2 月 29 日第二十五次会议	2012 年 7 月 1 日（修订版）
	九届全国人大常委会	2002 年 6 月 29 日第二十八次会议	2003 年 1 月 1 日
中华人民共和国可再生能源法	十届全国人大常委会	2005 年 2 月 28 日第十四次会议	2006 年 1 月 1 日

定时期发展规划时都明确提出了能源消费、碳排放等资源环境的约束目标。"十二五"规划（2010—2015 年）涉及的规划、行动计划如表 7-2 所示，有些带有强制性的指标约束，如《"十二五"控制温室气体排放工作方案》提出，到 2015 年全国单位国内生产总值二氧化碳排放比 2010 年下降 17% 的目标。

四　行政法规

行政法规是中国政府和主管部门发布的规则和计划，但是，还没有形成法律，不需要立法机构审议通过的行政规则、施行办法等（见表 7-3）。

表7-2　　　　　与气候保护相关的"十二五"时期规划

名称	颁布机构	施行时间
国民经济和社会发展"十二五"规划纲要	全国人大第四次会议	2011—2015 年
能源发展"十二五"规划	国务院	2011—2015 年
"十二五"控制温室气体排放工作方案	国务院	2011—2015 年
"十二五"节能减排综合性工作方案	国务院	2011—2015 年
工业领域应对气候变化行动方案（2012—2020 年）	工信部、国家发改委、科技部、财政部	2012—2020 年
循环经济发展战略及近期行动计划	国务院	2013 年 1 月 23 日
国家环境保护"十二五"规划	国务院	2011—2015 年
煤炭工业发展"十二五"规划	国家发改委	2011—2015 年
大气污染防治行动计划	国务院	2013—2017 年

表7-3　　　　　　与气候保护有关的行政法规

法规名称	颁布机构	施行时间
中国应对气候变化国家方案	国务院	2007 年
民用建筑节能条例	国务院	2008 年
公共机构节能条例	国务院	2008 年
关于开展低碳省区和低碳城市试点工作的通知	国家发改委	2010 年
关于开展碳排放权交易试点工作的通知	国家发改委	2011 年
温室气体自愿减排交易管理暂行办法	国家发改委	2012 年
温室气体自愿减排项目审定与核证指南	国家发改委	2012 年
关于加快发展节能环保产业的意见	国务院	2013 年
国家适应气候变化战略	国家发改委等九部门	2013 年
关于推动碳捕集、利用和封存试验示范的通知	国家发改委	2013 年
绿色建筑行动方案	国家发改委、住建部	2013 年
关于组织开展重点企（事）业单位温室气体排放报告工作的通知	国家发改委	2014 年
节能低碳技术推广管理暂行办法	国家发改委	2014 年
中国应对气候变化的政策与行动 2013 年度报告[a]	国家发改委	2014 年

注：a. 国家发改委从 2010 年开始每年发布《中国应对气候变化的政策与行动×××年度报告》，对每一年度中国在应对气候变化的政策和行动各方面取得的成效和经验进行总结分析。

五 节能认证制度和能效标识制度

认证制度是国际上通行的办法,由国家认证机构对某组织提供的产品、服务、管理等按照相关规定、技术规范或强制性要求是否合格进行评定,并准许标志,如最有名的产品质量体系认证 ISO 9001。目前,中国与节能、能效、环境保护等有关的认证管理办法如表 7-4 所示。实行产品能效标志管理办法产生的效应可以说是巨大的,如按照"绿色照明工程"实施方案,根据"中国照明用电占全社会用电的 13% 左右,且每年以 5% 速度增加",即可粗略地估算出 2012 年中国照明用电约 4757 亿千瓦时,如装置有 50% 采用节能灯具(按使用节电 50% 的中低端产品计算),每年大致可节电950 亿千瓦时,即每天全国照明可节电 2.6 亿千瓦时,每年对环境的贡献可减少排放 6650 万吨二氧化碳(按每千瓦时排放 700 克二氧化碳估算)。

表 7-4　　　　　　　　节能认证和标识管理办法

名称	颁布机构	施行时间
"中国绿色照明工程"实施方案	国家经贸委	1996 年 9 月 18 日
中国节能产品认证管理办法	国家经贸委	1999 年 2 月 11 日
能源效率标识管理办法	国家发改委、质检总局	2004 年 8 月 13 日
关于建立政府强制采购节能产品制度的通知	国务院	2008 年 7 月 30 日
低碳产品认证管理暂行办法	国家发改委、国家认监委	2013 年 2 月 18 日
能源管理体系认证规则	国家认监会、国家发改委	2014 年 5 月 31 日

六 市场经济工具

市场经济工具是利用市场机制促进节能减排和低碳发展如财政激励措施(如补贴)和惩罚措施(如征税)以及排放权交易的工具。理论上说,它们比行政管理和命令手段更具成本效益和有效率,但是,其真正的优势只有在市场实施中才能实现。市场机制允许中国政府为企业和家庭提供持续的激励,以提高能源利用效率,

包括鼓励使用新技术。中国目前没有一部有关气候变化、能源税、
碳排放税的法律，都处于讨论研究中，资源税也只是政府的法规，
没有通过立法机构审议（见表7－5）。

表7－5　　　　　　　　　与气候保护有关的经济工具

名称	颁布机构	施行时间
中华人民共和国资源税暂行条例	国务院	1993 年 12 月 25 日 2011 年 9 月 30 日（修订）
高效照明产品推广财政补贴资金管理暂行办法	国务院	2008 年 1 月 22 日
关于开展碳排放权交易试点工作的通知	国家发改委	2011 年 10 月 29 日

第二节　政策约束分析

中国应对气候变化的政策不断完善，尤其最近几年颁布了不少
有关低碳、节能的政策法规，并且政策体系也更加合理，如在包括
深圳、上海等7个省市开展施行碳排放权交易市场的试点工作，为
最终建立全国碳排放交易市场积累经验。但是，现实的环境问题仍
不容乐观，政策目标并没有完全达到，政策实施过程中的约束、障
碍导致政策效果的不尽如人意。对政策执行过程中存在的主要障碍
和约束包括以下几个方面：

**一　对保护气候重要性的认识有待提高，存在片面理解环境治
理和经济发展的关系**

在经济学上，环境、气候资源都属于公共产品，存在市场失灵
现象，也就是市场机制不能有效地解决这类资源的最优分配，容易
出现"搭便车"问题。尤其对于气候变暖这种全球、大区域的环境
问题，一个地方政府、企业、个人容易在思想认识上不够重视，不
愿意承担保护气候资源的成本，也缺乏责任意识。近几年，随着政
府、媒体的大力普及、宣传，整个社会的环保意识普遍提高，但对

环境治理和经济发展关系的理解不够全面，认识比较肤浅，如认为限制碳排放就会降低经济增长速度，认为增加企业环境治理的投入必然带来高成本、减弱企业竞争力等。在全社会树立绿色低碳生产模式、生活模式任重道远。

二　技术创新、金融创新、法规制度等配套支撑体系还需要完善

生态文明建设要求实现经济的可持续增长和向低碳发展转变。这是一项社会系统工程，需要各部门协调发展，需要有良好的技术创新体系、金融创新体系、法律制度等的支撑。低碳能源（如核能、可再生能源等）所占比例太低、能源技术落后等是制约低碳发展的主要障碍。无论是开采、转换还是应用技术方面，与发达国家相比，中国还有很大的差距。而实施技术改造和产业转型升级的难度是可以预料的。保护气候、低碳发展在政策和法规方面缺乏有力保障，金融创新方面的滞后也是导致低碳产业发展缓慢的一大障碍。

三　中国的经济发展阶段和资源禀赋决定了高耗能的产业结构和高碳化的能源结构

中国现阶段还处于工业化中后期阶段，大多数省（市、区）的产业结构仍然是高耗能工业部门占主导地位，如能源、汽车、钢铁、化工、建材等产业。工业部门一直是能源消费和碳排放的主体。另外，中国是以煤炭、石油和天然气等化石燃料为主体的国家。在已探明的能源资源储量中，煤炭占94%，石油、天然气仅占6%。在一次性能源消费结构中，煤炭约占67%。煤炭不仅在能源加工转换部门占有重要的地位，同时也是终端部门的主要能源。大量的煤炭消耗，特别是终端直接燃煤给环境保护、碳减排造成很大压力。

四　城镇建筑节能水平低，能耗严重

城镇建筑物的使用能耗已成为温室气体排放的主要源之一，包括公共建筑和居民住宅建筑。目前，中国建筑运行耗电占全国总发电量的22%—24%，北方地区城镇采暖消耗的燃煤占中国非发电用

煤量的 15%—18%（江忆，2005）。而发达国家的建筑能耗一般占总能耗的 1/3 左右。随着中国城镇化水平的不断提高，第三产业比例的加大以及制造业结构的调整，建筑能耗的比例将继续提高。另外，随着大型公共建筑（高档写字楼、星级酒店、大型购物中心等）的增多，尽管建筑总面积不足民用建筑面积的 5%，但能耗却占城镇建筑总能耗的 20% 以上，其耗电量为住宅建筑的 10—20 倍。这值得有关部门关注。截至 2011 年年底，中国城镇节能建筑仅占既有建筑总面积的 23%，建筑节能强制性标准水平还有提高的空间。①

五 交通运输碳排放趋于增大

城市交通运输业是二氧化碳排放的另一大来源。随着城市化进程加快和居民生活水平提高，城镇机动车保有量增长迅速。以北京市汽车保有量为例，1978 年只有 7.7 万辆，到 2012 年，达到 495.7 万辆，其中，私人汽车 407.5 万辆，私人汽车中 298.2 万辆为轿车。② 由于绝大多数的机动车以汽油、柴油作为动力，因此，机动车数量的快速增加，不仅加大了石油供应压力，碳排放量也越来越多。

第三节 碳税和碳交易比较

目前，在各国应对气候变化和降低碳排放的实践中，碳税和碳交易是两种运用最为广泛和重要的市场化工具。碳税和碳交易通过对二氧化碳和其他温室气体进行定价，引导人们消费模式的转变，激励企业加大节能减排领域的研发与投资，从而促进经济由高碳向低碳转型。我国自"十一五"时期就开始承诺降低碳排放强度，2020 年后还将履行强制减排义务，也面临着减排政策工具选择的迫

---

① 《我国城镇节能建筑仅占既有建筑总面积的 23%》，中国政府网（http://www. gov. cn/），2012 年 6 月 19 日。

② 首都之窗，http://www. beijing. gov. cn 2；《北京市 2012 年国民经济和社会发展统计公报》，http://www. bjstats. gov. cn/。

切问题。根据最新发布的《全球新能源报告（2014）》，2013 年全球碳市场交易总量为 104.2 亿吨，交易总额约为 549.8 亿美元。报告认为，从整体来看，2014 年全球碳市场规模有望增长近 2/3，达到 887 亿美元。到 2020 年，全球碳交易总额有望达到 3.5 万亿美元，并将超过石油市场，成为世界第一大交易市场。

中国已成为碳排放最大的国家，在应对气候变化和发展低碳经济方面采取了许多卓有成效的行动，出台了一系列政策措施，同时也在探索碳排放权市场交易的可行途径，通过市场机制推动实现控制温室气体排放行动目标，进一步让市场在资源配置中发挥决定性作用，以降低全社会节能减排成本。国家发展和改革委员会于 2011 年 10 月印发《关于开展碳排放权交易试点工作的通知》，批准北京、上海、天津、重庆、湖北、广东和深圳 7 省市开展碳交易试点工作。2013 年 6 月 18 日，深圳排放权交易市场在全国 7 家试点省市中率先启动交易。紧接着，上海、北京、广东、天津也在 2013 年相继启动交易，湖北碳交易在 2014 年 4 月 2 日上线，重庆在 2014 年 6 月 19 日才开启。因而对这两种市场工具进行比较分析，有利于进一步完善中国的碳交易市场和气候变化政策的完整性（陈健鹏，2012；石敏俊等，2013；周新军，2013）。

一　政策工具简介

（一）碳税

碳税是以化石能源的含碳量或碳排放量为计税依据，对化石能源征收的一种环境税。碳税会提高化石能源的价格，以此促进化石能源使用效率的提高或将能源使用转向清洁能源，从而最终使得碳排放减少。20 世纪 90 年代，欧洲国家纷纷进行绿色税制改革，将税收负担由劳动力向环境转移，以解决由于高社会福利和高所得税率导致的高失业率问题。在此背景下，北欧国家率先开始实施碳税。其中，芬兰、瑞典和挪威是先行者。

北欧国家碳税实践的特点在于：一是北欧国家征收的碳税是从原有的环境税过渡而来，在税率、税基等方面进行相应的调整。二是将碳税用于削减劳动者个人所得税和企业的社会保障税，实现

"税收中性"。三是对不同行业实施差别优惠和补贴政策，特别是能源密集型行业和对外贸易行业等易受碳税政策影响的行业，以保护各国产业的核心竞争力。

（二）碳交易

碳交易以政府强制制定的碳排放总量目标为依据，向各排放实体分配一定数额且可用于交易的排放许可。企业可比较减排成本与碳交易成本，选择在市场上出售剩余的排放许可或购进不足的排放许可，从而以最低成本实现减排目标，自《京都议定书》明确了发达国家和经济转轨国家的总量减排目标后，不同类型的国家或区域碳交易机制相继成立。

欧盟排放交易体系（EUETS）是全球最重要的减排机制，自2005年成立以来，其总交易额占全球碳市场的90％以上。欧盟碳交易实践的特点在于：一方面，欧盟内部为不断增强交易体系的透明度、连续性和有效性，计划从2013年起，采取进一步紧缩排放限额、提高排放许可拍卖比例至50％以及扩大体系覆盖范围至航空业、石化、制氨、电解铝行业等举措。另一方面，欧盟将《京都议定书》下清洁发展机制项目签发的碳排放许可的输入总量限定在EUETS总减排量的50％以内，在为企业提供减排灵活性的同时，降低其履约成本。

（三）综合运用模式

除单独运用碳税和碳交易两种减排工具之外，一些国家和地区综合应用两种减排工具。其中，根据应用方式的不同，又分为英国模式和澳大利亚模式两种。

英国模式：对参与碳交易的企业给予碳税减免。2008年，英国正式通过《气候变化法案》；2011年，英国推出了新的全国气候变化方案，气候变化税和排放交易的综合运用成为气候变化战略框架的核心政策。英国减排实践的特点在于：6000家参与《气候变化协议》的工业和商业企业在实现相对减排目标后，可以获得80％的气候变化税减免，以此激励更多企业加入减排交易体系，支持企业，尤其是能源密集型企业增加低碳投资，并实现成本最小化。

澳大利亚模式：分阶段进行，由碳税过渡至碳交易。2011 年 11 月，澳大利亚议会通过了"一揽子"清洁能源法规，建立碳价格机制。2012—2015 年，碳价格机制为固定价格阶段：第一年为 23 澳元/吨，之后每年提高 2.5%，类似于税收。从 2015 年 7 月起，碳价格机制过渡至排放交易阶段：第一年，碳价格波动幅度在 15—20 澳元/吨，之后两年每年分别增长 4% 和 5%，三年后碳价格将完全由市场供求决定。澳大利亚碳价格机制的特点在于：分阶段进行，减小市场运行初期不确定性因素对碳市场的冲击，规避出现碳价格过高导致企业减排成本增加，或是碳价格过低导致企业低碳投资动力不足，以帮助企业顺利向排放交易过渡。但是，2014 年 7 月，澳大利亚议会上院通过了《关于取消碳税的议案》。澳大利亚成为在推行碳排放交易的国家中，第一个决定取消碳排放税的国家。

二　比较分析

碳税是"价格型"工具，政府确定碳税税率，企业依据减排成本决定排放水平、排放总量会因宏观经济环境的变化而进行动态调整；碳交易是"数量型"工具，政府确定排放总量限额，并允许价格随市场供求变化而进行波动。从各国的实践来看，碳税和碳交易各有优势（石敏俊等，2013）。

（一）碳交易的减排效率高于碳税

减排效率是指碳税或碳交易降低碳排放的能力。减排目标确定是碳交易机制碳税与碳交易的国际经验和比较分析的最大优势。企业基于预先设定的减排限额，灵活选择来实现低成本减排。特别是将全球气温增幅控制在 2℃ 以内的目标成为各国共识的时候，碳交易减排目标确定的这一优势就更为突出。而碳税允许企业随着化石能源需求的增加或减少而调整相应的排放量，特定的减排目标将难以实现。

（二）价格形成和发现机制差异

从价格形成和发现机制来看，碳交易是基于市场供求状况确定碳价格的市场化定价方式，它更有利于降低价格扭曲和效率损失。

并且随着市场体系和政策框架的不断成熟而完善，碳金融市场孕育
而生。以碳排放许可现货为标的资产，衍生出的期货、期权以及互
换交易快速增长。而碳税由政府决定税率，实践中，出于排放成本
估计困难、保护本国产业竞争力等因素的考虑，碳税税率往往低于
排放成本，价格信号作用有限。

　　税率固定是碳税的优势所在。由于减排价格信号更加充分和确
定，可以为企业提供一个持久的减排激励，引导企业投资能源使用
转换项目和能效提高项目。而碳交易形成的碳价格在短期内受减排
政策的力度和持久性、排放许可的分配状况、宏观经济形势、能源
价格以及天气状况等因素的影响，往往呈现大幅度波动，不利于企
业形成明确的预期。全球主要的碳交易体系，包括 EUETS 也面临着
价格波动的问题。由于 EUETS 第一交易期（2005—2007 年）与第
二交易期（2008—2012 年）相互自成体系，碳价格在第一交易期期
末出现断点。第二交易期碳价格在 2008 年 7 月达到 28.73 欧元的高
点后，受到全球经济金融危机影响，碳价格大幅下跌至 15 欧元左
右。危机过后，碳价格仍处于下行通道中，2012 年 4 月，创出第二
交易期的历史新低 6.21 欧元。

　　（三）破交易与碳税的公平性要求一致

　　碳税和碳交易都会增加能源产品的成本。由于低收入家庭的收
入主要用于能源产品的消费，无论碳税还是碳交易对低收入家庭的
影响都会大于高收入家庭。因而税收收入和配额拍卖收入的使用要
体现提升政策公平性的要求。芬兰、丹麦、瑞典等都将碳税收入主
要用于减免劳动者税负，以抵消征收碳税导致的效率损失。与此相
类似，碳交易将配额拍卖的收入用于减免公众的其他税负。

　　相较之下，完全以拍卖方式分配排放许可就等同于碳税的政策
效果。但是，由于排放许可可以交易且具有价值，其初始分配就成
为碳交易制度的关键。出于帮助碳密集型企业向低碳经济过渡以及
保护消费者免受能源价格上涨等因素影响的考虑，欧盟选择了以免
费分配为主的初始分配方式。在实践中，很多企业通过出卖免费排
放许可而获利，或将减排成本向消费者转嫁，而非真正用于减排或

保护消费者，欧盟计划逐步提高拍卖排放许可的比重。

（四）碳税实施的透明度优于碳交易

各国的碳税往往是经由能源税或燃料税过渡而来，因此，基于原有的、完备的税收管理体系，碳税的操作和实施较为透明，管理成本也较低。相比碳税，碳交易需要构建一个全新的组织体系，包括建立温室气体监测、核证和管理制度，配额初始分配制度，碳市场体系以及监管体系等，在实际操作中更为复杂、烦琐，实施和操作成本也较高。也正是由于体系设计的复杂性，碳市场在运行中也暴露出诸多漏洞和不足，交易违规行为频发，如病毒迫使注册表关闭、增值税欺诈或木马诈骗以及洗钱等。此外，也增加了碳金融交易的复杂性。而碳税的设计和征收相对来说就更容易为公众和企业所理解。

综合上述比较和分析，由于碳交易在利用市场工具降低排放和成本控制上要优于碳税，尤其是全球气候谈判对温室气体排放总量限定越来越明确的时候，碳交易在实践中优势相对较为明显。对政府来说，明确的减排目标有利于促进经济由高碳向低碳转型；对金融机构来说，为金融机构创新碳金融业务带来了新的机遇；对企业来说，减排条款的灵活性为企业以最低成本实现减排提供了很大的操作空间。

第四节　经验和启示

一　气候变化政策选择的建议

前述气候变化政策在执行过程中的约束和障碍，有些具有客观性，有些问题需要时间去解决，但是，气候变化的严峻性也是客观存在的。为了更好地应对气候变化，基于前述分析，我们在气候变化政策选择方面，需要关注以下几个方面：

（一）在国内经济社会发展"新常态"和国际气候变化谈判大背景下，提出应对气候变化系统性的全局思路和政策体系

我国经济社会进入结构换挡期的"新常态"，这就意味着我国

宏观经济不仅增长速度会有明显下降，结构调整也会加快，那么这会带来我国应对气候变化的经济社会驱动因子发生较大的变化。另外，2015 年的巴黎气候变化会议对我国的减排目标必然会有新的要求。因而，需要形成应对气候变化全局性的制度框架和政策体系。

（二）充分发挥市场作用机制，强化市场能力建设，形成应对气候变化多元化的政策工具组合

目前，国际上类似于排放权交易市场、碳税等市场政策工具趋于不断发展完善中，在应对气候变化作用方面得到越来越多的关注和重视。一方面，我们要积极总结国内七大碳交易市场的试点经验，同时也要借鉴国际上其他经济体气候政策市场工具的经验和教训，尤其在交易机制和市场能力建设等方面；另一方面，要重点加强可测量、可报告、可核查（MRV）体系建设，这既是交易市场体系建设的基础，更是气候变化谈判的一个基础性关键问题。

（三）加强能源基础设施、低碳能源技术投入力度，形成环保产业新的增长点

施行低碳发展是世界各国应对气候变化的重要举措，这不仅涉及能源系统的低碳化，也是对企业乃至整个社会的低碳要求，从国家层面看，需要从财政、技术等方面形成低碳发展的政策体系，消除传统的错误观点和片面认识，增加环保投入，不仅可以提高企业竞争力，而且低碳产业、环保产业也有望成为新的经济增长点。

（四）突出能效在应对气候变化的作用，加强政策影响和绩效评估

能源效率被认为是应对气候变化最有效、最直接的节能减排方式。由于技术和政策体系等因素的影响，我国的能效相对于发达经济体一直是比较低的，无论是产业终端用能效率，还是建筑节能和交通运输能效都有较大的提升空间，除了不断完善各种政策体系，对于政策影响和绩效的事前及事后评估非常必要，这既有利于政策的及时调整，也有利于减低或者避免政策实施的社会成本。

二　碳交易市场的经验总结

碳交易市场在中国刚刚启动，2014 年是 7 个市场全面试验的一

年，除深圳市场已经持续一年外，其余几个试点地区碳市场持续时间都不长，甚至连一个完整的履约周期都没有完成。要真正盘活这一个市场，仍需要一个较长的过程。这种市场试点既有必要，但也存在弊端。

（一）中国碳交易市场需要经历从试点到推广这一过程

试点本身就是为了积累经验，培育市场。从目前来看，企业对碳交易仍感陌生，对未来的碳排放配额没有准确预期，国内也缺乏能够对经济形势和碳排放配额预测的专业团队。这些都需要在试点中逐步积累经验。同时，市场制度和交易规则，仍处于探索期。中国虽然确定了 7 个碳交易试点省市，但每个碳交易市场都有各自的规则与标准，哪一种制度、哪一个标准，更符合我国未来的碳交易大市场，也需要在试点过程中去寻找答案。如北京在国内率先发布了场外交易细则；广东碳交易通过拍卖分配配额；上海率先出台碳排放核算指南，采用历史排放法和基准线法测算配额；深圳、天津也均实行配额管理；湖北设置的纳入企业能耗和碳排放门槛远远高于其他 6 个试点省市，即 2010 年、2011 年任一年综合能耗 6 万吨标准煤及以上的工业企业全部纳入；在最后启动的重庆试点中，把充分尊重、听取企业对碳排放权分配的意见也纳入制定交易细则的一项内容。

（二）中国碳交易的最终目标是建立全国碳排放权交易市场

局部试点导致市场割裂，没有统一市场的碳交易难免会出现问题。比如，目前每个开展碳交易的试点交易，仅局限在地区内部，因此作为市场主体的不同产业间、产业内不同企业间差异性小，容易造成企业间供需不平衡，无法形成活跃交易的市场状态。各个市场的交易态势图明显反映了这个特点。

作为碳交易市场的一项主要内容，碳排放配额的管理还需要进一步市场化。目前，已开展碳交易试点的 7 个省市中，仅湖北、广东的配额发放采取有偿拍卖的方式，其余试点省市，均采取免费配额发放的方式。在一定时期内免费发放配额，可使企业前期免予支付配额成本，通过这样一个过渡期适应市场，有助于调动企业参与的积极性。根据国家发改委的规划，中国碳排放权交易制度建设已经启动，计划用三年左右的时间建立全国碳排放权交易市场。与此同时，国家发改委已经启动了自愿减排项目的申报、审定、备案和签发工作，公布了《行业温室气体排放核算指南》，这将为建设未来全国统一的碳市场打下基础。根据国际机构预计，如果碳交易在中国全面展开，则每年对碳减排的需求量将在 6 亿—7 亿吨，碳市场规模将超过澳大利亚、韩国，有可能成为世界第一大碳交易市场。

三　碳交易体系和碳税的借鉴及启示

由于碳税与碳交易各有优势，综合使用可兼顾各自的优点。中国可在碳交易试点过程中择机选择减排工具的综合使用。可以借鉴英国模式，通过税收减免，激励更多企业加入减排交易体系，尤其是帮助能源密集型企业降低减排成本。或者借鉴澳大利亚模式，随着市场的成熟和完善，由类似于碳税的固定价格过渡至完全由碳市场决定浮动价格，以避免碳价格波动对企业控制成本和低碳投资的影响。

借鉴各国在构建碳交易体系实践中的经验，中国在具体构建碳交易体系时，需要注意以下几个方面（石敏俊，2013）：

（一）政府以市场制度建设为切入点，引导和规范我国市场的发展

健全的法律体系是碳交易体系高效运行的前提。一是完善有关碳交易的法律法规。明确碳排放许可的权利属性，为科学制定减排目标、分配方案，实施排放监测、报告和核查机制以及对碳排放权进行定价等提供法律依据和保障。二是构建全国统一的碳排放标准和体系。通过标准和体系建设，直观地向国际社会展示中国在实现可持续发展和节能减排之间所做出的努力，在国际气候谈判中赢得主动权。三是健全政府监管机制。健全的政府监管机制是保证市场高效运行的必要条件。通过加强市场的监测、及时掌握和分析市场运行动态，有效地规避在市场运行初期暴露出的漏洞和风险，并积极应对与国际碳市场的协调问题。

（二）科学规划碳交易体系，公平合理分配碳排放许可

构建碳交易体系，必须实现排放总量控制，只有控制了碳排许可的使用上限，才能使碳排放许可成为稀缺资源，碳排放许可才具有价值并可在市场上进行交易。中国在试点过程中，一是要有效控制碳排放总量，借鉴 EUETS 排放许可供给过剩和澳大利亚碳定价机制，将当年的排放限额基于前五年的排放水平而定，以充分反映宏观经济形势变化对企业排放的影响，有效发挥减排限额对企业降低排放的约束作用。二是加强碳排放的统计、核算以及信息共享平台的建设，增强数据的公信力。三是积极探索排放许可的初始分配方式，排放许可的初始分配是对碳排放空间使用权，也代表着发展权，参考 EUETS，考虑以免费分配为主，逐步提高用于拍卖所占的比重。

（三）积极搭建多层次碳交易市场

欧盟因其多层次的碳交易市场和多样化的碳交易金融衍生产品，主导着全球碳交易市场的发展，并拥有碳排放权的定价权。中国在碳市场体系构建过程中，要结合实际，由自愿减排市场逐步向强制市场、由项目市场逐步向排放许可市场，再到全国统一碳市场过渡。在不断增加碳交易市场的流动性和透明度的同时，直观地向国际社会展示中国在实现可持续发展和节能减排方面做出的努力。

（四）积极探索碳金融创新，形成服务于低碳经济发展的投融资机制

如今，金融机构在全球碳市场上扮演着重要角色，特别是国际化的商业银行一直致力于提升碳市场流动性和创新减排项目融资方式。一是加快培育商业银行、投资银行等机构投资者，大力发展做市商制度，促进买卖交易、活跃市场以及价格发现。二是鼓励商业银行积极探索买卖经纪、碳排放配额保管、账户登记和交易清算服务等中间业务。三是加快金融创新，丰富金融工具，包括现货、期货以及期权交易等交易所产品和担保、碳相关类债券交易等金融工具，帮助企业管理风险和实现融资。四是吸引各类投资主体的碳基金广泛参与 CDM 市场，为减排项目提供融资服务。

第八章 气候变化政策影响
评估分析

第一节 政策影响评估概述

气候变化政策对于实现低碳发展的重要性是不言而喻的。各级政府、部门、企业通过实施各种政策、规制等调整经济发展模式、产业升级、产品优化等，进而影响能源及其他资源利用效率、碳排放、环境保护和低碳科技发展，乃至对居民生活模式、消费方式等方面的改变。因而，气候政策影响评估分析就成为政策制定者和决策者首先考虑的问题。低碳政策实施以经济可持续发展和低碳排放为目标。

政策评估即针对政策绩效进行评估，以指出政策达成目标的范围和程度，以及利害关系人对政策的需求与价值等信息。政策评估是一种确定价值的过程，调查一项进行中的计划，就其实际成就与预期成就的差异加以衡量。有关政策评估的定义，国外学者各有不同的角度界定之。通俗地说，政策评估是基于现有系统和客观的数据收集与分析，进行合理判定政策的投入、产出、效能与影响的过程；其主要目的在于提供现行政策运行的实况及其效果的信息，以为政策管理、政策持续、修正或终结的基础，拟定未来决策的方针，发展更为有效和更为经济的政策。根据政策运作阶段及所强调的重点，将政策评估分成三大类：

一是预评估。是指评估者对政策方案在规划阶段或在执行一段时间后，进行可行性、优缺点及优先级评估。其中包含规划评估或事前评估、可评估性评估及修正方案评估三项评估工作。

二是过程评估。是指政策评估人员对政策问题认定的整个过程、政策方案的规划过程与执行过程进行评估。其主要目的在于了解是否已经真正找到问题的症结所在；是否正确地界定了问题，以免落入"以正确方法解决错误问题"的陷阱。

三是结果评估。是指由政策评估人员对政策方案的执行结果进行评估。它包括产出评估和影响评估两方面。前者着重于评估执行机关对目标人口从事了多少次服务、给多少数额的补助、生产多少数量的产品等，偏重于数量计算，可比拟俗称的"苦劳"。后者是指当政策执行以后，评估它对目标人口产生何种有形的或无形的、预期的或非预期的影响，例如，政策方案是否造成目标人口或事物向期望的方向改变？如果有，其改变之程度如何？它偏重品质的衡量，可比拟俗称的"功劳"。

从方法论而言，政策影响评估可以分为定性评估分析、定量评估分析以及定量和定性相结合的评估方法；而定量评估模型又包括自上向下模型、自下向上模型和混合模型。

本章不是讨论政策影响评估的方法论问题，主要给出气候变化政策影响评估的两个案例分析。根据《中美气候变化联合声明》，中国政府承诺在 2030 年前达到碳排放高峰期。因此，碳排放峰值问题成为气候变化问题的一大焦点，本章利用系统动力学模型对中国碳排放峰值进行了初步模拟情景分析。有国家的经验表明，征收碳税是应对气候变化的一种可行市场政策工具。利用政策模拟工具——可计算一般均衡模型（Computable General Equilibrium，CGE）探讨未来征收不同碳税税率下对国民经济、主要产业部门碳减排、居民收入等方面的影响（朱永彬等，2010）。

第二节　基于系统动力学模型的
碳排放情景分析

　　研究低碳排放成本问题需要假设一个基准情景（Reference Case 或者 Business As Usual，BAU 情景），作为与不同政策下碳排放情景比较的基础。基准情景一般是在现有排放水平的基础上，不采取任何减少排放政策、措施的所谓"最可能"情景，是低碳排放成本分析的参考水平。显然，低碳排放成本与影响分析的结果直接与基准情景的假设密切相关。基准情景中对低碳排放成本最有影响的关键假设包括社会经济发展水平（人口、城市化率、经济增长、投资率、产业结构等）、能源技术的可得性与投入、碳排放因子、资本—劳动—能源服务的替代性以及其他一些重要的弹性等。

一　情景设计

　　情景设计的主要依据是实现低碳社会经济目标的途径和措施。实现低碳发展，降低碳排放量，不外乎考虑以下三种实施途径。

　　（1）减少能源消费总量。减少能源消费总量，自然降低了碳排放总量，一般考虑两种措施：一种是降低经济发展速度，随着经济规模的缩小，对能源的需求量就会相应地减少。但对于处于工业化加速发展阶段的大国，保障中国经济发展的平稳性，既是经济社会和谐发展的需要，也是经济全球化大背景下国际社会的需要。另一种是调整经济结构，降低能源密集型产业比例，提高产业"清洁"度，即提高"低碳"排放产业的比例。这需要改变生产发展模式，属于长远战略规划，短时期内很难见效。这也是造成我国经济发展模式难以实现根本性转变的主要原因所在。

　　（2）优化能源结构。优化能源结构，提高"低碳"或者"零碳"排放能源的比例，提高新能源开发力度，积极采用低碳技术，如碳捕获储存技术 CCS 等，增加新能源、可再生能源的消费比例，实现能源消费的"低碳"化。

（3）发挥技术进步作用，提高能源效率，降低碳排放密度。从能源系统而言，通过实施一系列有效的政策措施，提高能源使用效率，降低能源消费强度和碳排放强度。这主要体现了能源系统的技术进步作用。

根据研究问题的需要，我们设计了三种情景，各种情景含义如下，具体指标数值分别见表8-1和表8-2。这次模拟分析以2007年为基年，但经济数据按照2005年的不变价格计算，这是为了便于比较分析。

（1）基准情景。根据近十年我国能源强度和碳排放强度的发展态势，我们假定基准情景的能源消费强度变化等同于这十年的变化，即每年以3.0%的速率下降。为了准确地分析经济发展速度与碳排放的关系，我们对经济发展速度设置了两种情景，即高速、低速两种方案：

高速方案：基本按照国家颁布的经济社会发展规划，即未来2010—2050年年均增长率达到5.2%。产业结构中第二产业明显偏高。

低速方案：考虑到各种资源的制约，适当降低经济发展速度，假定在未来2010—2050年经济年均增长率为4.5%。产业结构中第三产业明显增大。

人口政策作为我国基本国策，在经济高低速两种情景下我们采用一样的发展情景，均按照国家未来人口规划方案。

（2）结构低碳情景。假定未来"零碳"排放的新能源结构比例在2050年达到30%，相应的能源消费强度年均下降率仍保持3.0%。这一情景设置的目标是探讨能源结构改变对发展低碳的潜力。

（3）效率低碳情景。假定未来能源效率在2010—2050年年均提高率达到4.0%，而新能源结构比例与基准情景一致，分析提高能源效率的低碳发展潜力。

二 情景模拟计算

根据以上情景假设，我们利用系统动力学模型（即SD模型）

对每种方案进行模拟计算。该模型强调系统结构与系统的动态行为的关系，模拟时间较长，可以分析系统各指标间的相互影响，能够比较合理地模拟反映出未来的发展趋势。该模型主要回答不同情景下中国主要经济、社会指标（如经济总量、经济结构、投资、人口等）的趋势、主要行业的能源需求和碳排放。[①] 主要社会经济指标、能源、碳排放数值见表 8 - 1、表 8 - 2 和表 8 - 3。

表 8 - 1　基准情景下 2010—2050 年中国能源需求和碳排放

（经济高速、低速）

年份	2007	2010	2020	2030	2040	2050
人口（百万）	1321	1341	1434	1485	1503	1482
能源消费结构（%）						
煤炭	71.1	70.9	67.1	64.8	62.6	60.3
石油	18.8	16.5	17.8	17.1	16.5	15.9
天然气	3.3	4.3	3.1	3.0	2.9	2.8
新能源/可再生	6.8	7.9	12.0	15.0	18.0	21.0
能源消费强度(吨标煤/万元 GDP)	1.18	1.04	0.76	0.56	0.42	0.31
高速经济增长方案 GDP（亿元）	238021	313925	629200	1105700	1717100	2422100
增长率（%）	14.2	10.5	7.2	5.8	4.5	3.5
人均 GDP（美元）	2369	3486	6550	11100	17000	24350
产业结构（%）						
第一产业	10.3	8.9	6.8	5.5	4.5	3.8
第二产业	48.0	49.4	48.4	46.2	44.5	42.3
第三产业	41.7	41.8	44.8	48.3	51	53.9

[①] 具体模型结构简述可参见蒋金荷（2012），参见付加锋编著《低碳经济理论与中国实证分析》第四章，中国环境科学出版社 2012 年版。

续表

年份	2007	2010	2020	2030	2040	2050
一次能源消费（百万吨标准煤）	2805	3250	4803	6225	7129	7415
煤炭	1994	2304	3225	4036	4459	4469
石油	527	536	853	1067	1179	1182
天然气	93	140	150	187	207	207
新能源/可再生	191	270	576	934	1283	1557
碳排放（百万吨碳）	1752	1998	2831	3539	3905	3909
碳排放强度（吨碳/万元 GDP）	0.74	0.64	0.45	0.32	0.23	0.16
人均碳排放（吨碳/人）	1.33	1.49	1.97	2.38	2.60	2.64
低速经济增长方案						
GDP（亿元）	238021	313925	606100	987260	1392600	1835550
增长率（%）	14.2	10.5	6.8	5	3.5	2.8
人均 GDP（美元）	2369	3486	6730	10250	14000	18200
产业结构（%）						
第一产业	10.3	8.9	6.7	5.4	4.5	3.9
第二产业	48.0	49.4	47.4	45.1	41.5	36.5
第三产业	41.7	41.8	45.9	49.5	54	59.6
一次能源消费（百万吨标准煤）	2805	3250	4627	5558	5782	5619
煤炭	1994	2304	3106	3604	3617	3387
石油	527	536	821	953	956	895
天然气	93	140	144	167	168	157
新能源/可再生	191	270	555	834	1041	1180
碳排放（百万吨碳）	1752	1998	2727	3160	3167	2962
碳排放强度（吨碳/万元 GDP）	0.74	0.64	0.45	0.32	0.23	0.16
人均碳排放（吨碳/人）	1.33	1.49	1.90	2.13	2.11	2.00

注：按 2005 年价格计算；美元汇率按 2010 年 100 美元 = 671.49 元计算。

资料来源：历年《中国统计年鉴》，模型计算。

表 8 - 2   结构低碳情景下 2010—2050 年中国能源需求和碳排放趋势

年份	2007	2010	2020	2030	2040	2050
能源消费结构（%）						
煤炭	71.1	70.9	62.6	55.9	49	42.6
石油	18.8	16.5	16.1	15.6	15.5	15.7
天然气	3.3	4.3	6.3	8.5	10.5	11.7
新能源/可再生	6.8	7.9	15.0	20	25	30
能源消费强度（吨标煤/万元 GDP）	1.18	1.04	0.76	0.56	0.42	0.31
经济高速增长下						
一次能源需求（百万吨标准煤）	2805	3250	4803	6225	7129	7415
煤炭	1994	2304	3007	3480	3493	3159
石油	527	536	773	971	1105	1164
天然气	93	140	303	529	749	868
新能源/可再生	191	270	721	1245	1782	2225
碳排放（百万吨碳）	1752	1998	2713	3276	3479	3345
碳排放强度（吨碳/万元 GDP）	0.74	0.64	0.43	0.30	0.20	0.14
人均碳排放（吨碳/人）	1.33	1.49	1.89	2.21	2.31	2.26
经济低速增长下						
一次能源需求（百万吨标准煤）	2805	3250	4627	5558	5782	5619
煤炭	1994	2304	2897	3107	2833	2394
石油	527	536	745	867	896	882
天然气	93	140	292	472	607	657
新能源/可再生	191	270	694	1112	1445	1686
碳排放（百万吨碳）	1752	1998	2614	2925	2821	2535
碳排放强度（吨碳/万元 GDP）	0.74	0.64	0.43	0.30	0.20	0.14
人均碳排放（吨碳/人）	1.33	1.49	1.82	1.97	1.88	1.71

注：按 2005 年价格计算。

资料来源：历年《中国统计年鉴》，模型计算。

表 8 – 3　　效率低碳情景下 2010—2050 年中国能源需求和碳排放趋势

年份	2007	2010	2020	2030	2040	2050
能源消费结构（%）						
煤炭	71.1	70.9	67.1	64.8	62.6	60.3
石油	18.8	16.5	17.8	17.1	16.5	15.9
天然气	3.3	4.3	3.1	3.0	2.9	2.8
新能源/可再生	6.8	7.9	12.0	15.0	18.0	21.0
能源消费强度（吨标煤/万元 GDP）	1.18	1.04	0.69	0.46	0.30	0.20
经济高速增长下						
一次能源需求（百万吨标准煤）	2805	3250	4331	5060	5224	4899
煤炭	1994	2304	2907	3281	3268	2952
石油	527	536	769	868	864	781
天然气	93	140	135	152	152	137
新能源/可再生	191	270	520	759	940	1029
碳排放（百万吨碳）	1752	1998	2552	2876	2862	2582
碳排放强度（吨碳/万元 GDP）	0.74	0.64	0.26	0.17	0.11	0.26
人均碳排放（吨碳/人）	1.33	1.49	1.78	1.94	1.90	1.74
经济低速增长下						
一次能源需求（百万吨标准煤）	2805	3250	4172	4518	4237	3713
煤炭	1994	2304	2801	2929	2650	2237
石油	527	536	741	775	701	592
天然气	93	140	130	136	123	104
新能源/可再生	191	270	501	678	763	780
碳排放（百万吨碳）	1752	1998	2458	2568	2321	1957
碳排放强度（吨碳/万元 GDP）	0.74	0.64	0.41	0.26	0.17	0.11
人均碳排放（吨碳/人）	1.33	1.49	1.71	1.73	1.54	1.32

注：按 2005 年价格计算。

资料来源：历年《中国统计年鉴》，模型计算。

　　对于碳排放系数的选择，一般根据国家统计局给出的各分品种能源低热值，再转换成能源标准量（用吨标煤表示），然后估计出每种能源的碳排放系数，并且在模型中作为常量处理。该 SD 模型中能源都以标准量表示，因而，为了方便模型计算，我们分析了1990—2010 年我国能源消费的碳排放系数（单位能源消费的碳排放量）与新能源结构、煤炭结构，它们之间具有以下关系式：

　　碳排放系数 ＝ 0.52874 ＋ 0.001174 × 新能源比例 ＋ 0.001889 × 煤炭比例

　　拟合度达到96% 以上。我们在模型模拟中直接利用该关系式进行碳排放量估算。例如，2010 年根据煤炭、石油、天然气的消费比例，得到碳排放量为 19.98 亿吨碳，利用上述关系式得到 2004 亿吨碳，误差为 0.3%。

第三节　中国碳排放峰值问题分析

一　经济规模和产业结构决定了碳排放"峰值"时点和走向

　　三种情景下，经济高速增长的碳排放、能源需求均远远高于经济低速增长的情形（见图 8 - 1）。并且在高速经济增长下，基准情景在 2050 年左右碳排放达到峰值 3909 百万吨碳，但在经济低速增长下，在 2040 年左右有望达到峰值 3167 百万吨碳，并且峰值明显低于经济高速下的值（见表 8 - 1）。即经济增长速度的快慢直接影响碳排放峰值。在结构低碳情景、效率低碳情景下，当经济增大比较快速时，碳排放峰值均高于经济慢速增长。因为经济增速与产业结构密切相关，一般而言，经济低速增长下，第二产业、工业所占比例较低，而工业的单位增加值耗能、单位增加值碳排放，即碳排放强度远高于其他产业，因而，按照基期的气候政策，适当放缓经济发展速度，碳排放峰值会更早达到。

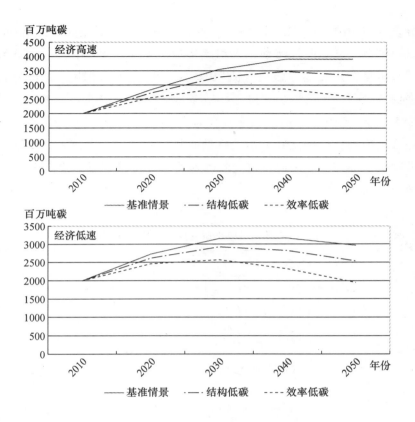

图 8 - 1 在经济增长高低下三种碳排放情景比较

基准情景下，当经济高速增长时，在 2050 年碳排放总量达到 3909 百万吨碳，人均达到 2.64 吨碳；当经济低速增长时，2040 年碳排放总量 3167 百万吨碳，人均排放量 2.11 吨碳。如果从人均排放量分析，由于人口情景在 2030 年达到峰值，因此，经济低速增长下，人均碳排放量在 2030 年达到峰值 2.13 吨碳，大约是经济高速增长下 2050 年峰值的 80%。

二 效率低碳情景的低碳发展潜力远大于结构低碳情景

根据前文的情景设计，效率低碳情景意味着仅仅依赖提高能源效率政策所能达到的低碳发展潜力，根据表 8 - 3，不管经济增长处于高速或者低速，这种情景下的碳排放均在 2030 年左右达到峰值，分别为 2876 百万吨碳、2568 百万吨碳，分别比基准情景下降低 662 百万吨碳、591 百万吨碳，人均碳排放分别为 1.94 吨碳、1.73 吨碳。可见，提高能源效率，使 2010—2050 年的年均能效提高 4%，在保持合理的经济增长速度下，效率低碳情景可以使碳排放峰值减少 5.9 亿—6.6 亿吨碳。当能效在 2050 年达到极值时，经济低速增长和高速增长分别比基准情景降低碳排放 1005 百万吨碳和 1326 百万吨碳，亦即比不采取特定能效措施的基准情景可以减少 51% 碳排放（见表 8-4）。

表 8-4   不同情景下低碳发展潜力比较

	峰值减排量（百万吨碳）		2050 年减排量（百万吨碳）		
	经济增长低速	经济增长高速	经济增长低速	经济增长高速	降低比例（%）
结构情景	235（23%）	426（12.3%）	427	564	17
效率情景	591（23%）	662（8.0%）	1005	1326	51

注：括号内的百分比为减排量相对于基准情景下的降低比例。

对于结构低碳情景，即通过改变能源结构，使新能源消费在 2050 年达到 30%，煤炭比例仅占一次能源消费的 42.6%（见表 8-2），碳排放峰值在经济快速增长时于 2040 年左右达到 3479 百万吨碳，经济慢速增长时在 2030 年左右达到 2925 百万吨碳，分别比同期基准情景减少碳排放 426 百万吨碳、235 百万吨碳。因而，改变能源消费结构，提高低碳能源比例，可以降低碳排放峰值 4.26 亿—2.35 亿吨碳。在 2050 年低碳能源达到 30% 时，经济低速和高速分别比基准情景降低碳排放 427 百万吨碳、564 百万吨碳，比没有改变能源现有结构下的碳排放总量可以减少 17%。

比较这两种情景，不难发现，提高能效的低碳发展潜力比仅仅改变能源消费结构具有更大的空间。但现实中，往往是各种政策措施的综合实施，因而，在保持一定经济增长速度下，我国的低碳发展潜力是值得期待的。

三 碳排放强度的变化

三种情景下碳排放强度均有不同程度的下降（见图8-2），按照2005年不变价格计算，2005年万元GDP碳排放量即碳排放强度为0.80吨碳/万元GDP，2010年为0.64吨碳/万元，降低了20%。基准情景下，2020年为0.45吨碳/万元GDP，降低了43.8%，即如果每年能源使用效率提高3%，那么，到2020年我国万元GDP的碳排放量完全可以实现比2005年减少40%的国际承诺，2050年基准情景碳排放强度为0.16吨碳/万元，2010—2050年碳排放强度年均降速为3.4%。结构低碳情景下，2010—2050年碳排放强度由0.64吨碳/万元GDP降低到0.14吨碳/万元GDP，年均降速为3.75%。效率低碳情景下，2050年碳排放强度为0.11吨碳/万元GDP，2010—2050年年均降速为4.4%。

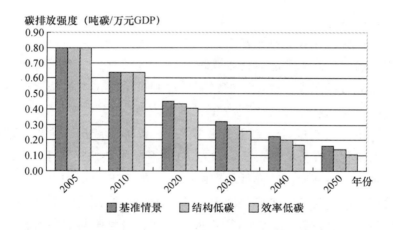

图8-2 2005—2050年碳排放强度变化趋势

需要指出的是，当经济处于高速增长时，尽管碳排放强度降低了，但是，碳排放总量仍然增加了，2020年比2005年增加了92%，我国仍然面临国际社会的减排压力，因此，还需要不断优化产业结构，提高能源使用效率，调整能源消费结构，使能源消费不断朝着"低碳"能源趋势发展。

第四节 基于 CGE 模型的碳税模拟分析[①]

一 CGE 模型总体特征概述

基于经济学基本理论和中国经济的能源消费特点，我们在 CGE 模型 2002 年版基础上（贺菊煌等，2002）建立了一个用于中国经济政策分析的 CGE 模型。模型包括 42 个生产部门和 5 个经济主体（乡村居民、城市居民、企业、政府和国外部门）。本节用此模型分析了碳税对经济的影响。由于该模型目前还是一个静态模型（所有内生变量是同期变量），所以分析方法采用比较静态分析法，即通过改变模型参数，考察模型解的变化。我们通过改变碳税税率，考察宏观经济（国内生产总值、各经济主体可支配收入、消费和投资）、各部门产量、价格、碳排放量的变化。

征收碳税可采取两种方法：一种是从源头征收，即只对煤炭和石油天然气的开采和进口征收碳税；另一种是对一切有碳排放的生产者和消费者征收碳税。考虑到简易性和可行性，本模型采取第一种方法。我们通过改变碳税税率，考察宏观经济（国内生产总值、各经济主体可支配收入、消费和投资）、各部门产量、价格、碳排放量的变化。在分析中，我们设定 GDP 平减指数始终等于 1，即价格总水平始终不变。这样做的理由如下：在 CGE 模型中，各种商品的价格本质上是相对价格，因为 CGE 模型不能决定物价总水平。对于给定的一套参数，无论物价总水平如何，模型解得的各种商品的数量和相对价格都不变。我们设定 GDP 平减指数始终等于 1，既不影响各种商品的相对价格，又便于分析结果的比较。在 GDP 平减指数等于 1 的条件下，参数变动引起的各种名义量的变动，大体上等于其实际量的变动。有关问题的分析和比较可直接使用前者，不必通过价格平减把前者转变为后者。

[①] 本节内容的模型计算部分由中国社会科学院贺菊煌研究员完成，在此特表致谢！

二　三种碳税税率对国民经济的影响模拟结果

我们设定三种水平的碳税，分别对应碳排放总量减少 5% 、10%
和 15% 。它们对宏观经济的影响见表 8 - 5，对煤炭和石油天然气生
产及消费的影响见表 8 - 6；对主要部门产量和价格的影响见表 8 - 7。

表 8 - 5　　　　　　　　三种碳税水平对宏观经济的影响

碳排放总量减少		0	5%	10%	15%
碳税税率（元/吨碳）		0.00	111.53	248.57	418.60
		基准解	同 0 碳税相比变动的百分比		
碳排放量（万吨）		152360	- 5.00	- 10.00	- 15.00
生产税（包括碳税，亿元）		38676	4.19	8.76	13.82
国内生产总值（GDP，亿元）		265915	- 0.06	- 0.17	- 0.34
折旧（亿元）		37230	0.00	0.00	0.00
可支配收入 （亿元）	企业收入	36464	- 1.21	- 2.62	- 4.28
	政府收入	50882	3.10	6.50	10.28
	农民收入	45959	- 0.69	- 1.51	- 2.47
	市民收入	91782	- 0.88	- 1.89	- 3.05
消费与投资 （亿元）	居民消费	96839	- 0.82	- 1.76	- 2.85
	政府消费	35077	0.00	0.00	0.00
	固定投资	106679	0.63	1.26	1.92

表 8 - 6　　三种碳税水平对煤炭和石油天然气生产及消费的影响

碳排放总量减少	0	5%	10%	15%
碳税税率（元/吨碳）	0.00	111.53	248.57	418.60
	基准解 （不变价亿元）	变动（%）		
煤炭生产	9647	- 6.93	- 13.34	- 19.45
煤炭进口	188	- 2.72	- 5.27	- 7.99
煤炭出口	224	- 48.71	- 74.91	- 88.24
煤炭消费	9611	- 5.87	- 11.74	- 17.62
石油天然气生产	9523	0.05	0.07	0.05
石油天然气进口	5506	1.31	2.74	4.26
石油天然气出口	164	- 7.68	- 16.10	- 25.18
石油天然气消费	14865	0.60	1.24	1.88

表 8 - 7　　　　　三种碳税水平对主要部门产量和价格的影响

碳排放减少	5%	10%	15%	5%	10%	15%
	产量变动百分比			价格变动百分比		
农林牧渔业	-0.09	-0.20	-0.34	-0.27	-0.61	-1.05
煤炭开采和洗选业	-6.93	-13.34	-19.45	16.60	37.45	63.73
石油和天然气开采业	0.05	0.07	0.05	1.96	4.33	7.23
金属矿采选业	-0.74	-1.68	-2.83	0.29	0.62	1.01
非金属矿及其他矿采选业	-0.40	-0.95	-1.64	0.15	0.32	0.52
食品制造及烟草加工业	-0.34	-0.74	-1.22	-0.26	-0.57	-0.94
纺织业	0.33	0.64	0.94	0.10	0.22	0.36
石油加工及炼焦工业	1.04	2.19	3.40	2.39	5.28	8.79
化学工业	-0.69	-1.54	-2.58	0.56	1.23	2.02
非金属矿物制品业	-0.30	-0.72	-1.28	1.31	2.88	4.79
金属冶炼及压延加工业	-0.58	-1.31	-2.20	0.71	1.54	2.53
金属制品业	-0.38	-0.88	-1.51	0.41	0.89	1.47
电气机械及器材制造业	-0.25	-0.60	-1.06	0.28	0.60	0.98
通信设备及电子设备制造业	0.56	1.13	1.74	0.20	0.42	0.67
电力、热力的生产和供应业	-0.94	-2.00	-3.18	2.55	5.54	9.04
建筑业	0.29	0.52	0.71	0.44	0.95	1.57
交通运输及仓储业	-0.25	-0.57	-0.98	0.12	0.28	0.49
住宿和餐饮业	-0.17	-0.38	-0.63	-0.37	-0.80	-1.29
金融业	-0.38	-0.83	-1.36	-1.05	-2.25	-3.62
房地产业	-0.14	-0.32	-0.55	-1.00	-2.19	-3.63
居民服务和其他服务业	-0.38	-0.81	-1.32	-0.40	-0.84	-1.34

　　碳税模拟的结果分析如下：

　　（1）碳税对 GDP 的影响不大。碳排放减少 10%，GDP 仅下降 0.17%（约 462 亿元）（见表 8 - 5）。原因是总就业量在 CGE 模型中是外生给定的，在静态的比较分析中保持不变。碳税对就业的影响只影响其结构，不影响总量。因此，碳税对当期 GDP 的影响不会很大，但碳税对未来动态发展影响是未知的，在该静态模型中无法模拟。

　　（2）碳税可较大幅度降低煤炭消费和煤炭资源消耗。碳排放减少

5%、10%、15%，可使煤炭消费量减少5.87%、11.74%、17.62%，使煤炭产量减少6.93%、13.34%、19.45%（见表8-6）。

（3）碳税对石油和天然气的生产和消费影响不大。碳税一方面提高了石油天然气的价格而使社会对它的需求下降，另一方面降低了石油天然气对煤炭的比价（石油和天然气价格的上升幅度比煤炭价格的上升幅度小得多），由于煤炭与石油和天然气之间有替代性，社会在减少煤炭需求的同时会提高对石油和天然气的需求。这两方面方向相反的作用的综合导致石油和天然气的生产和消费变动不大（表8-6显示，碳排放减少10%，石油和天然气生产量上升0.07%，消费量上升1.24%）。

（4）碳税对价格的影响主要表现在煤炭开采、石油和天然气开采和4个与其关系密切的生产部门的价格上升上。碳排放减少10%，导致煤炭开采和洗选业价格上升37.45%，石油和天然气开采业价格上升4.33%，石油加工品及炼焦工业价格上升5.28%，电力、热力的生产和供应业价格上升5.54%，石油和天然气价格上升4.47%，非金属矿物制品（建材）价格上升2.88%（见表8-7）。

（5）碳税对产量的影响主要表现为煤炭开采部门的产量下降，其他部门的产量变动不大；即使一些关系密切的部门，其产量变动也不很大。情况如下：碳排放减少10%，导致煤炭开采和洗选业产量下降13.34%，金属矿采选业产量下降1.68%，化学工业产量下降1.54%，金属冶炼及压延加工业产量下降1.31%，电力、热力的生产和供应产量下降2%，石油和天然气开采业产量上升7%。其他部门除石油加工及炼焦工业以外，产量变动不到1%。石油加工及炼焦工业产量不但没有下降，反而上升2.19%。这是因为，煤炭与石油和天然气的相对价格变动导致社会用部分石油替代煤炭。

（6）碳税对收入分配的影响主要表现为政府收入因获得碳税而上升，其他经济主体（企业、农民、市民）收入下降。碳排放减少10%的碳税，导致政府收入上升6.5%，企业收入下降2.62%，农民收入下降1.51%，市民收入下降1.89%。

三　碳税对生产部门和消费部门（居民、政府）碳排放的影响

我们在模型求解的基础上，以直接产生碳排放的活动及相应的能源品种为考察对象，计算了三种碳税水平对各生产部门和消费部门（居民、政府）碳排放的影响。计算方法如下：

（1）关于煤炭。石油加工及炼焦业投入的煤炭，以其量的50%，其他生产部门投入的煤炭和消费部门消费的煤炭，以其量的100%，按每亿元煤炭排放13.7252万吨碳计算碳排放。

（2）关于石油（原油）天然气。石油加工及炼焦业、化学工业、燃气生产和供应业投入的石油（原油）天然气，以其量的15%、25%、12%，其他生产部门投入的石油（原油）天然气，以其量的100%，按每亿元石油（原油）天然气排放1.3759万吨碳计算碳排放。

（3）关于石油加工品及焦炭。冶金部门投入的石油加工品及焦炭，按每亿元石油加工品及焦炭排放3万吨炭计算炭排放；其他生产部门投入的石油加工品及焦炭和消费部门消费的石油加工品及焦炭，按每亿元石油加工品及焦炭排放0.67万吨碳计算碳排放。

（4）关于燃气。各生产部门投入的燃气和消费部门消费的燃气，按每亿元燃气排放2.6万吨碳计算碳排放。计算结果见表8-8。

表8-8　三种碳税水平对主要生产部门和消费部门碳排放的影响

碳排放总量减少	0	5%	10%	15%	5%	10%	15%
各部门碳排放量（万吨）		各部门碳减排百分比			各部门碳减排量（万吨）		
农林牧渔业	626	5.06	10.13	14.75	31.7	63.4	92.3
煤炭开采和洗选业	12914	8.59	16.43	23.74	1108.8	2121.2	3066.0
石油和天然气开采业	728	2.41	4.87	7.33	17.6	35.4	53.4
金属矿采选业	760	3.28	6.85	10.53	25.0	52.1	80.1
食品制造及烟草加工业	1463	3.36	6.72	9.97	49.2	98.3	145.9
纺织业	1541	2.24	4.37	6.50	34.5	67.4	100.1
石油加工及炼焦工业	10975	-0.16	-0.42	-0.75	-17.8	-46.1	-82.5
化学工业	14129	5.24	10.44	15.53	740.6	1474.8	2193.6
非金属矿物制品业	15995	3.03	6.13	9.26	484.6	981.2	1481.9
金属冶炼及压延加工业	24566	3.28	6.51	9.67	806.5	1600.4	2374.9

续表

碳排放总量减少	0	5%	10%	15%	5%	10%	15%
各部门碳排放量（万吨）		各部门碳减排百分比			各部门碳减排量（万吨）		
金属制品业	861	4.04	7.95	12.01	34.8	68.4	103.4
通用、专用设备制造业	2154	3.85	7.70	11.47	82.9	165.8	247.2
电力、热力的生产和供应业	45997	7.87	16.05	24.35	3620.0	7382.7	11202.4
建筑业	1610	2.55	5.03	7.53	41.0	81.0	121.2
交通运输及仓储业	4848	1.53	3.15	4.81	74.4	152.7	233.2
批发和零售业	210	3.15	6.29	8.79	6.6	13.2	18.5
住宿和餐饮业	343	0.93	1.87	3.22	3.2	6.4	11.0
金融业	79	0.60	1.31	2.16	0.5	1.0	1.7
租赁和商务服务业	388	1.92	3.87	5.81	7.5	15.0	22.6
消费部门							
消费煤炭	1961	1.26	2.45	3.50	24.7	48.0	68.6
消费石油加工品	482	3.24	6.85	10.91	15.6	33.0	52.6
消费燃气	872	1.80	3.86	6.21	15.7	33.6	54.2

对上述模拟结果解释：

（1）2007 年碳排放量超过 4500 万吨的大户是电力、热力的生产和供应业（45997 万吨），金属冶炼及压延加工业（24566 万吨），非金属矿物制品业（15995 万吨），化学工业（14129 万吨），煤炭开采和洗选业（12914 万吨），石油加工及炼焦工业（10975 万吨）和交通运输及仓储业（4848 万吨）。

（2）碳税使得几乎所有部门的碳排放都有不同程度的减少，只有石油加工及炼焦业例外，其碳排放不但没有减少，反而有小量增加。原因是碳税导致石油对煤炭的相对价格下降、石油产量和消费量有所增加。

（3）碳减排量最大的 5 个部门是电力、热力的生产和供应业，煤炭开采和洗洗业，金属冶炼及压延加工业，化学工业和非金属矿物制品业。其碳减排量约占整个生产部门碳减排量的 91%。

（4）碳减排百分数最大的 3 个部门是电力、热力的生产供应业，煤炭开采和洗选业及化学工业。

　　以上计算结果与根据国家统计局公布的分部门能源消费统计表计算的结果不完全一致，有些部门差距较大，主要原因是投入产出表与能源消费统计表关于这些部门的数据差距较大。例如，在2007年能源消费统计表中，电力部门的煤炭消费占全国煤炭消费的51%；而在投入产出表中，电力部门的煤炭投入占煤炭部门总产出34.2%。价格换算或许是造成这一差别的主要原因，因为能源统计不涉及价格，而投入产出表是价值型的，不同企业的煤炭价格差别是很明显的。

第九章　有待深入研究的问题

第一节　社会经济新情景

一　碳排放问题不确定性分析

不确定性是指不完全认知的状态，其原因可归结为信息的匮乏，或者在哪些是已知的、哪些是可知的问题上出现分歧。其来源可能有多种，包括数据资料不准确、概念或术语定义含糊、对人类行为的预估不确定等。所以，不确定性可采用量化度量表述（如概率密度函数）或定性表述（如体现一组专家的判断）两种方式（Moss and Schneider，2000；Manning et al.，2004）。

情景分析是解决不确定性问题的一种方法，但其本身也存在固有的不确定性，在情景构建过程的所有阶段，都有可能产生不同性质的不确定性。同样，在社会经济新情景（SSPs）的构建过程中，也涉及许多不确定性。为了更好地进行气候变化影响评估研究并解释评估结果，需要对这些不确定性进行分析，并在此基础上进一步减少不确定性。

对于碳排放问题研究，常见的不确定性来源包括排放情景的不确定性、构建方法的不确定性、模型关键参数设置的不确定性以及基准统计数据的不确定性。如以 IPCC 的 SRES 情景为基础的碳排放问题研究，在 SRES 排放情景构建过程中的所有不确定性，都会影响研究结果的准确性和合理程度。尽管对于 SRES 情景存在不同的看法，但是，学术界还是比较认可 SRES 情景的价值，特别是 IPCC

把 SRES 情景作为其科学评估报告（AR3，AR4）的基础。所以，对于这一不确定性来源，一方面，我们无法通过自身的努力来减少它，有其客观性；另一方面，由于 SRES 情景体现了对现有气候变化问题的科学认知水平，因此，我们可以接受与之相关的不确定性。随着科学理论水平的提高，国际学术界将在未来对 SRES 排放情景进行订正或修改，甚至构建全新的排放情景，那时我们就可以基于新的全球情景来构建中国区域的社会经济情景。

在构建社会经济情景时，我们对人口和 GDP 数据进行了降尺度处理。在降尺度过程中，采用了相同区域增长率方法，即假设一个国家的人口和 GDP 增长率与其所在区域的人口和 GDP 增长率相同；一个省（市、区）的人口和 GDP 增长率与全国的人口和 GDP 增长率相同。这些假设大大简化了处理程序，但增加了一定程度的不确定性。不过，由于分别估计国家水平或更小空间尺度上人口和 GDP 的增长率（尤其是针对百年时间尺度）存在相当大的困难，因此，目前还没有更好的办法来降低这一不确定性。一种方法是利用可以获得的未来 10—30 年的各省（市、区）社会经济发展预测结果来进行必要的订正，从而在一定程度上减少不确定性；但在更长的时间尺度上，很难进行类似的订正。因为世纪尺度的社会经济发展预测结果的不确定性可能更大。

模型关键参数和基准统计数据的不确定性已是众所周知的问题，在社会经济领域尤其如此。只有尽可能选择可靠的数据来源，以及利用各种参数校核对比方法，来努力降低这些不确定性。

综上所述，尽管存在多种不确定性，但应该看到，目前的研究仍然处在初步探索阶段，现有的科学水平和人类认识导致了这些不确定性的产生。在未来减少不确定性的努力中，我们应该着重在情景构建过程中，更好地结合国内相关社会经济研究的结果，从而降低因情景构建方法差别引起的不确定性。

二　社会经济新情景特征及最新研究进展

合理设定社会经济发展情景是气候变化研究的基础，也是气候变化影响评估的关键环节。从 IPCC 气候变化情景的发展与应用来看，从简单的二氧化碳加倍及递增试验，到 SA90、IS92 情景，再到 SRES 情景和 RCPs 情景，对温室气体排放量的估算方法越来越先进和全面，相应的社会经济假设也从简单描述走向定量化，并纳入人为减排等政策的影响，对过去和未来温室气体排放状况、未来技术进步和新型能源的开发与使用对温室气体排放量的影响不确定也有了进一步的考虑和假设，政府管制和气候政策对排放量的影响逐步纳入评估范围。

关于未来社会经济发展、气候变化和其他环境变化的长期情景是 IPCC 报告的重要组成部分。这些长期情景是评估潜在的气候变化影响、从社会经济角度开展减缓和适应活动的基础。2006 年，围绕开发用于第五次评估报告（AR5）的长期情景问题，IPCC 决定采用一种全新的组织方式，即新情景的发展由学术界来协调，而不是由 IPCC 自己来组织和批准新情景。

在 2007 年召开的 IPCC 专家会议上，学术界提出了四种典型浓度路径（RCPs），作为开始构建适用于气候变化、适应和减缓及其影响综合评估的情景过程的第一步。在发展新情景方面，专家提出了"并行进程"概念，区别于过去开发情景的"顺序进程"模式，包括三个主要阶段：（1）基于 RCP 情景进行气候预估；（2）提出共享社会经济路径（Shared Socioeconomic Pathways，SSPs）；（3）结合考虑社会经济路径的气候模式的信息，对未来气候变化进行综合评估。

到目前为止，RCP 的设计已经完成，基于该情景的气候预估已经由参与国际耦合模式比较计划 CMIP5 的诸多模式完成，结果在 IPCC WG1 AR5 进行了评估。自 2013 年以来，围绕着新情景框架的设计，国际上召开了一系列的会议，确定了 SSP 新情景的主要特征，围绕 SSP 新情景的研究进展，国际知名刊物发表了一些研究成果（Moss et al.，2010；van Vuuren DP，2010，2011，2012，2013，2014；Ebi et al.，2014）。但当前有关 IPCC 在支撑现有情景研究中的作用、SSPs 情景的关键信息、情景在未来 IPCC 评估中的作用等问题都有待深入探讨。国际学术界呼吁加强 IPCC 三个工作组在情景领域的协同工作，加强全球情景与区域发展的结合，通过与可持续发展研究的合作在更为广阔的背景下研究情景，加强发展中国家在情景研究中的地位与作用，加强气候模式模拟结果在综合评估模型（IAM）中的应用，加强情景研究与"未来地球计划"（Future Earth，FE）的合作等。①

　　共享社会经济路径（SSPs），反映辐射强迫和社会经济发展间的关联。每个具体的 SSP 代表一类发展模式，包括相应的人口增长、经济发展、技术进步、环境条件、公平原则、政府管制、全球化等发展特征和影响因素的组合，还包括人口、GDP、技术生产率、收入增长率、社会发展指标（如收入分配）等定量数据，也包括对社会发展程度、速度和方向的定性描述，但不包括排放、土地利用和气候政策（减缓或适应）等假设。如果从未来社会经济面临的减缓和适应挑战角度来设定 SSPs，可以划分为代表可持续发展、中度发展、局部发展、不均衡发展和常规发展五种路径（见图 9 - 1）。

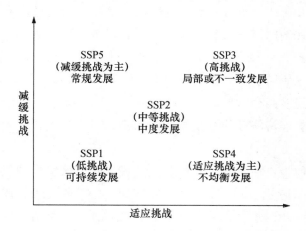

图 9 - 1　考虑适应和减缓挑战的 SSPs 示意

　　资料来源：O'Neill，2014 年；曹丽格等，2012 年。

_____

　　① 由国际科学理事会（ICSU）和国际社会科学理事会（ISSC）发起，联合国教科文组织（UNESCO）、联合国环境署（UNEP）、联合国大学（UNU）、Belmont Forum 和国际全球变化研究资助机构（IGFA）等组织牵头，组建为期十年的大型科学计划"未来地球计划"（2014—2023）。

在 2012 年阿根廷召开的 IPCC AR5 第二工作组专题会议上，确定了五个基础 SSP 的主要特征，综合考虑人口增长、经济发展、技术进步、环境条件、公平原则、政府管理、全球化等发展特点和影响因素。通过对已有全球发展框架特征的综合研究，van Vuuren 等（2012）给出了在经济优化、市场改革、可持续发展、区域竞争、基准情景（BAU）等不同发展导向下经济增长速度、人口增长率、技术进步、环境技术发展、主要目标、环境保护、贸易、政策与规制和脆弱性等指标的趋势（见表 9-1）。

在此基础上，专家们确定了五个基础 SSPs 的描述性特征（O'Neill et al.，2012），既包括用于气候变化模拟分析所需的人口、城市化、人类发展等指标，也包括进行减缓和适应分析所需要的其他要素及脆弱性分析所需要的特别适用于农业模型或是水资源模型的各种要素。

表 9-1 SSPs 全球发展框架的主要特征

	经济优化	市场改革	全球可持续发展	区域可持续发展	区域竞争	基准情景（BAU）
经济增长速度	非常快速	快速	慢到快速	中速	慢速	中速
人口增长率	低	低	低	中	高	中
技术进步	快	快	慢到快	慢到快	慢	中
环境技术发展	快	快	快	中到快	慢	中
主要目标	经济增长	多种目标	全球可持续	区域可持续	安全	未定义
环境保护	被动	主动+被动	积极主动	主动	被动	主动+被动
贸易	全球化	全球化	全球化	贸易壁垒	贸易壁垒	弱全球化
政策与规制	政策促进市场开放	市场失灵时政策调控	强的全球管制	地方为主	强的国家管制	混合
脆弱性	中—高	低	低	偏低	混合	中

资料来源：van Vuuren 等，2012 年；曹丽格等，2013 年。

（一）SSP1 路径

考虑了可持续发展和千年发展目标的实现，同时降低资源消费强度和化石能源依赖度。人口增长率较低，教育水平提高；低收入国家快速发展，全球和经济体内部均衡化，技术进步，高度重视预防环境退化，特别是低收入国家的快速经济增长降低了贫困线以下人口的数量，这是一个实现可持续发展、气候变化挑战较低的世界。

（二）SSP2 路径

中等发展情景，面临中等气候变化挑战，全球按照近几十年的典型趋势继续发展下去，在实现发展目标方面取得了一定进展，一定程度上降低了资源和能源强度，慢慢减少对化石燃料的依赖。低收入国家的发展很不平衡，大多数经济体政治稳定，部分同全球市场联系加深；发展中国家和工业化国家之间的收入差距慢慢缩小；随着国民收入的增加，区域内的收入分布略有改善，但在一些地区仍然存在较大差距，教育投入跟不上人口增长的速度，特别是在低收入国家。在控制空气污染、提高贫困人口能源供应以及减少对气候变化和其他全球变化的脆弱性等方面取得一定进展。

（三）SSP3 路径

局部发展或不一致发展，面临强气候变化挑战，主要特征包括世界被分为极端贫穷国家、中等财富国家和努力保持新增人口生活标准的富裕国家。它们之间缺乏协调，区域分化明显，高度不平衡。未能实现全球发展目标，资源密集，对化石燃料高度依赖，在减少或解决当地的环境问题（如空气污染等）方面进展不大。每个国家专注于本身的能源和粮食安全；去全球化趋势；国际合作减弱、对技术发展和教育投入减少，减缓了所有地区的经济增长；人口增长较快；能源领域技术的缓慢变革带来大量的碳排放；人力资本投入低；区域化的世界导致贸易量减少，贸易壁垒；易受到气候变化的影响且适应能力低等。

（四）SSP4 路径

不均衡发展，以适应挑战为主。这个路径设想世界是高度不均衡发展，包括国家内部。人数相对少且富裕的群体产生了大部分的排放量，在工业化国家和发展中国家，大量贫困群体排放较少且很容易受到气候变化的影响。在这个世界中，全球能源企业通过对研发的投资来应对潜在的资源短缺或气候政策，开发应用低成本的替代技术。因此，考虑低基准排放量和高的减缓能力，减缓面临的挑战较低。政府管理效率低，面临很高的适应挑战。

（五）SSP5 路径

常规发展情景，以减缓挑战为主。这个路径强调传统的经济发展导向，通过强调自身利益实现的方式来解决社会经济问题；导致能源系统以化石燃料为主，带来大量温室气体排放，面临减缓挑战。社会环境适应挑战能力较低，主要来源于人类发展目标的实现，包括强劲经济增长和高度工业化的基础设施，努力防护极端事件，提高生态系统管理水平。

通过对具体指标的设定，SSPs 可以涵盖 SRES 等已有情景中的社会经济假设。如将 SSP 设定为人口在经历较快增长后稳定并逐步减少，经济维持高速增长，全球化水平不断提高，环境条件、社会管理和民生得到稳步发展的模式，类似 SRES 情景族中的 B1 或者 A1T 情景。同样，也可以设定相当于 SRES 情景中的 A2 情景，非均衡发展的世界。如表 9-2 所示，如果将 SRES 排放情景放到 SSPs 情景框架中，可以看出，在减缓或适应能力中，B2 情景与 RCP6.0 的中等发展程度相当，A2 情景与 RCP8.5 的低度发展程度相当，A1F1、A1B、B1/A1T 相当于较高的经济发展阶段，具有较强的适应及减缓能力。

表 9-2　　　　RCPs、SRES、SSPs 的相互关系和影射

适应的挑战			低	中等	高	高	低
			SSP1	SSP2	SSP3	SSP4	SSP5
	参考	SRES	B1/AIT	B2	A2	[A2]	A1F1
RCP	8.5 瓦特/平方米	A2			A2	[A2]	
	6.0 瓦特/平方米	A1B/B2			A2	[A2]	
	4.5 瓦特/平方米	B1		B2			
	2.6 瓦特/平方米	—	←	SRES 的减缓情景			

资料来源：IPCC AR5，2014 年 a。

SSPs 涵盖了 SRES 情景中的社会经济假设，但不局限于这几种

具体情况，SSPs 可以包含各种发展模式，可以根据掌握的社会经济数据进行设定，可用于更为宽泛的环境。例如，根据当前某个国家或区域的实际情况以及发展规划，利用 SSPs 的指标体系设定社会经济发展路径；还可以改变其人口发展模式，或经济增长速度，从而获得一个区域的社会经济战略选择；也可以保持在 SSPs 的其他指标不变的条件下，仅改变其中的一个指标，比如假设能源技术得到了极大的提高，评估技术进步对未来社会发展的影响。因此，SSPs 不仅可用于全球、区域，还可以应用在具体部门（如能源、农业等），为分析不同的气候政策（人为减排）、社会经济发展模式的成本和风险提供了可能。

2012 年，IPCC 发布了用于 AR5 的一部分社会经济数据。van Vuuren 等（2012）综述了目前在各类文献中已经应用的全球 2100 年社会经济情景数据，如人口、GDP 和二氧化碳排放量（见表 9 – 3）。

表 9 – 3   2100 年人口、GDP 和二氧化碳排放量的 RCP 四种情景

排放情景	人口/10^9	GDP	二氧化碳排放量/（10^9 吨碳）
RCP 2.6	9.3（7.1—10.5）	9.4（7.2—12.1）	− 0.21（− 3.8—1.7）
RCP 4.5	9.7（7.1—14.8）	9.9（6.1—15.7）	5.6（3.1—8.4）
RCP 6.0	10.4（7.1—15.1）	12.5（7.2—20.1）	12.7（8.7—16.9）
RCP 8.5	11.0（7.1—15.1）	13.4（7.5—20.5）	34.2（27.9—39.7）

资料来源：van Vuuren 等（2012）。

SSP 主要组成要素包括人口和人力资源、经济发展、人类发展、技术、生活方式、环境和自然资源禀赋、政策及机构管理七个方面的指标，既包括用于气候变化模拟分析所需的人口、城市化、人类发展等指标，也包括进行减缓和适应分析所需要的其他要素，以及脆弱性分析所需要的特别适用于农业模型或者水资源模型的各种要素。

在开发气候变化研究的新情景方面，尽管学术界付出了巨大的努力，并取得了显著进步，但是，还未能实现把这些情景综合起来用于 IPCC 的三个工作组的目标，也未能在 IPCC AR5 中引用相关的社会经济新情景的研究成果。作为发展中的碳排放大国，中国应当积极关注和参与 SSPs 的发展及应用，促进国内气候变化综合评估研究取得更多成果和新进展。

第二节　模型开发中的几个理论问题

发展低碳经济是为实现能源环境可持续发展而提出的，成为政府和科学界应对气候变暖、实施温室气体减排的一种新思路，其实质是提高能源效率和改善能源消费结构，核心是通过能源技术创新和制度创新构建一个低碳经济发展体。在构建中国低碳经济评价模型时，首先需要回答以下三个问题，才有可能比较合理地研究中国发展低碳经济的潜力空间与政策选择。

一　可持续发展与低碳经济的关系问题

发展低碳经济并不意味着经济增长的低速度，可以做到与可持续发展有机结合。这就需要建立"低碳经济"的社会体系，包括建立低碳能源系统、低碳技术体系和低碳产业结构，同时要求建立与低碳发展相对应的生产方式、消费模式和鼓励低碳发展的政策措施、法律体系与市场机制。也就是说，要走低碳经济发展路径，需要形成"低碳经济"理念，这不仅是局限于技术层面，还包括调整经济发展模式和社会消费模式，即关键在于技术创新与制度创新。因而，在构建低碳经济模型时，如何将这种新的发展理念体现于模型中，这应该也是低碳经济模型与碳减排技术评估模型的本质区别所在。如低碳消费模式，或者说消费模式如何影响碳排放，这是构建低碳经济模型需要解决的主要问题之一。

又如，征收碳税是一种重要的经济工具，也是在经济体系中尚未展开对碳指标考核时体现"低碳经济"重要的配套手段。在碳减排模型中，对于是否课征能源税或者碳税的争议由来已久，但是，在低碳经济模型中，该问题已经不是"课征与否"，而是在于"课征多少"是合理的，以使其保持一定的经济增长速度。

二 技术进步的内生化问题

技术创新是一种十分重要的发展低碳经济的手段。在已有的环境—经济模型中，技术变化大都被作为外生变量，经济活动和政策并不影响新技术的研究、发展和扩散。技术外生建模的典型方法是设定能源效率自动提高参数或外生假定具体的新技术（这些技术已经存在，但还没有被广泛应用）。然而，技术进步理论和大量的实证研究显示，技术并非完全外生的，而是由经济行为相互作用而内生的。许多经济模型研究证实，中长期气候变化减缓成本和效益预估对技术成本的假设是敏感的（Ardreas Loschel，2002）。因此，这种技术进步外生假定显然不能较好地反映经济现实，而将技术进步内生化是研究气候变化减缓影响所必需的。技术进步内生化增强了环境—经济模型的分析能力，例如，有利于合理地评价政府政策的成本、机会成本、创新的延期、政策的敏感性以及国际技术外溢等（IPCC，2007c）。与此同时，技术创新内生化也对传统模型的计算产生了挑战。传统模型中，报酬递减是求解模型的基本假设，这种凸性决定了模型存在唯一解，而加入技术因素后造成的非线性和报酬递增的非凸性将使得模型可能面临多个解的情形。显然，技术创新的不确定性决定了模型中技术变化内生化问题的复杂性，目前还处于探索阶段。

三 发展中国家环境—经济模型构建问题

由于二氧化碳减排的复杂性，对同一问题采用不同的研究方法，不同的模型类型往往会得出差异明显的结果，对这一现象的一种解释是模型需要很多的参数，不同国家的参数差异非常大，如能源资源、经济增长、能源强度、产业和贸易结构等。如2030年前，二氧化碳减排量同减排政策和技术直接相关。采用不同的分析方法、不同的减排条件和政策，都将对未来二氧化碳的减排潜力产生影响。例如，征收的碳税不同，采用的预测和分析方法不同，得到的2030

年全球温室气体减排潜力也会不同（见表9－4）。

表9－4　　　　　　　2030年前全球温室气体减排潜力

碳税（美元/吨二氧化碳当量）	减排潜力（亿吨二氧化碳当量/年，自上而下分析法）	减排潜力（亿吨二氧化碳当量/年，自下而上分析法）
0		50—70
20	90—180	90—170
50	140—230	130—260
100	170—260	160—310

资料来源：IPCC第四次评估报告。

　　目前，已设计开发出的模型绝大多数是针对工业化国家的减排成本、减排潜力问题，如果对这些模型不加分析地应用于经济转轨型国家和发展中国家的经济研究是不合适的，得到的结论也是没有说服力的。这是由于发展中国家与发达国家在经济运行和社会生活方面存在明显差异，如发展中国家的政策往往会优先考虑落后地区发展，为此，要保证相应地区能源资源使用的连续性；大量人口从传统产业向现代产业转移；大量人口分散居住的农村，能源供应呈现分散化；能源市场和政策领域正在经历剧烈的变化；技术创新和扩散的壁垒显著，具有较大的不确定性等（Rahul Pandey，2002）。尽管构建一个考虑全部因素的"普适模型"是不可能的，但现有模型还是能够通过适当考虑上述特点来提高对发展中国家的适用性。

第三节　新气候经济：碳减排与经济增长共存

　　全球气候变暖已经不可避免，必须要采取适应措施以缓解气候变化的影响。对于某些影响来说，适应是唯一可行和适当的应对措施。在未来几十年内，即使做出最迫切的减缓努力，也不能避免气候变化的进一步影响，这使得适应成为主要的措施，特别是对近期的影响来说。对发展中国家而言，资源的有效利用以及适应能力的建设尤为重要。虽然目前已经采取了一些适应气候变化的措施，但仍十分有限。从长远看，如果不采取减缓措施，气候变化可能会超出自然、管理和人类系统的适应能力。气候变化和其他压力的共同作用，进一步加大了气候变化的脆弱性，需要采取更广泛的适应措施和必要的减缓措施，适应和减缓措施的结合能够有效地降低气候变化的风险，避免、减轻或推迟许多气候变化的影响，但目前对这些措施的局限性及其成本等还缺乏充分的分析和认识。气候变化所产生的影响在不同的区域会有不同的表现，但年际净成本都会随时间的推移和温度的上升而增加。《斯特恩报告》指出，全球以每年1%的GDP投入，可以避免将来每年5%—20%的GDP损失，以此呼吁全球应向低碳经济转型。

可持续发展能够有效地降低气候变化的脆弱性，但气候变化也可能会影响各国实现可持续发展的能力，因此，未来的脆弱性不仅与气候变化有关，还与各国所选择的经济社会发展路径有关。所以，发展低碳经济和研究低碳经济问题正在成为国际社会日益关注的问题。

围绕如何应对气候变化的辩论尽管各方发表了很多言论，还举行了多次国际会议，如2014年9月的联合国（UN）峰会，温室气体的排放量依然保持上升势头。但是，如果存在应对气候变化与经济繁荣并不抵触的证据以及遏制气候变化失控与不断提高生活水平相结合的可能性，那么这为国际气候变化谈判带来新论点（Marfin Wolf，2014）。除最顽固的怀疑主义者以外，所有人都必须认识到，不可逆气候变化的发生概率远远大于零。不过，防范这一风险的"保险"成本也不可忽视。幸运的是，此类成本可能很低，从某些方面来说甚至是负成本。比如，消除对燃煤发电的依赖会带来健康上的好处；打造更为紧凑的城市也会起到同样效果。这两个例子都来自高级别的全球经济与气候委员会（Global Commission on the Economy and Climate，2014）最近发表的一份重要报告。该报告表达了五个基本观点。第一，今后十五年左右，我们打造的基础设施将决定我们能否将全球平均升温幅度限制在2℃以内——许多科学家认为，超过2℃的升温将引发灾难性后果。第二，世界必须从现在起改变行为模式。第三，在这个时期内，人们将大举投资于基础设施，重塑城市发展、土地使用和能源系统。第四，通过正确的投资决策，到2030年全球至少能完成必要减排任务的一半。第五，投资模式的转变，以及在可取方向上的创新，并不会增加多少经济上的成本，却能带来许多益处。

该报告估计，每年对化石燃料的补贴为6000亿美元，而对清洁能源的补贴却只有900亿美元，这种状况完全不合理。同样，我们还要考虑到排放造成的损害（见图9-2）。在中国，对煤炭的依赖使该国成为全球最大的温室气体排放国家。这除影响气候之外，还导致了严重的国内污染。这样的局面可能催生一种"双赢"的结果：减少对煤炭的依赖，亦即减轻国内乃至国际污染。

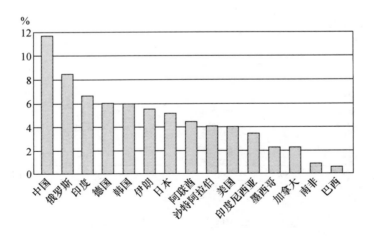

图9-2 2010年污染（PM2.5）导致死亡损失占
GDP比例（15个全球最大排放国）

资料来源：全球经济与气候委员会（2014）。

报告引用国际货币基金组织（IMF）的一项研究，声称即使忽略所有全球效益，对碳排放定价机制的改变也会让许多国家受益。该报告提出，根据排放量最大的20个国家的国内情况，合理的碳排放价格应该是每吨57美元，远高于欧盟碳排放交易系统近期的价位。征收此类税收，并把征税所得用于降低更具损害力的税种，是十分合理的方案。与此类似，许多石油出口国对消费的补贴也是极大的浪费，应该马上取消。

最后，报告认为，随着可再生能源的成本大幅降低（尤其是太阳能发电）（见图9－3），同时对间歇性电源管理能力的提升，可再生能源和其他低碳能源（包括核能）有望在未来十五年占新增发电能力的一半以上。

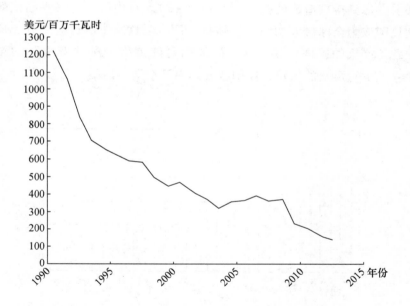

图9－3   太阳能光伏（PV）发电成本变化

报告提出，要实现这些转变，就要从定价、投资、推广创新成果和城市发展规划等方面多管齐下。这就需要公共部门和私人部门都采取行动。公共部门一直在提供基础设施和支持创新方面发挥作用。相对于当前的高碳世界，投资于低碳未来的成本增量非常小。比如，报告表示，交通、能源、给排水系统和城市所需的基础设施每年需要投资约 60 亿美元，低碳基础设施的成本增量为每年大约 2700 亿美元。根据可信的经济模型研究表明，如果选择低碳发展道路，到 2030 年，全球产出的累计损失相当于损失一年的经济增长，远低于金融危机造成的损失。

报告还提出了一系列合理建议，以保证其所寻求的转变能够实现。这些建议包括：合理的碳排放定价，逐步取消化石燃料补贴和对城市扩张的激励，发展低碳投资的资本市场，鼓励低排放技术领域的创新，停止砍伐森林以及加速摆脱污染严重的燃煤发电。

然而，最关键的要点是，低碳未来不等于苦难的未来。通过政府决策的正确支持，市场能够在带来更大繁荣的同时，大幅降低气候失控的风险。没有必要像当前这样，在气候"赌场"上继续押下未经对冲的巨额赌注；相反，有可能把增长和环境风险更小的未来结合起来。现在，就应该启动必要的改变，推迟行动将会错失良机。

附录：2000—2012 年 30 个省（市、区）分品种能源消费和碳排放量估算

附表 1　　2000—2012 年北京市分品种能源消费和碳排放

年份	碳排放（百万吨二氧化碳）				能源消费（百万吨标煤）			
	煤	油	气	电力	煤	油	气	电力
2000	28.8	35.5	2.4	33.60	24.66	14.99	1.42	4.73
2001	27.7	35.5	3.7	34.10	23.75	14.87	2.18	4.90
2002	26.2	37.8	4.6	38.17	23.29	15.74	2.73	5.36
2003	29.7	37.2	4.6	41.61	26.17	15.57	2.75	5.67
2004	32.2	42.8	5.9	44.82	28.94	17.63	3.51	6.27
2005	31.2	44.1	7.0	49.56	29.42	18.16	4.17	6.97
2006	29.0	47.3	8.9	53.85	28.00	19.08	5.28	7.61
2007	28.2	55.0	10.2	55.18	26.60	22.18	6.06	8.30
2008	23.0	62.4	13.2	56.71	23.52	25.12	7.88	8.70
2009	20.9	66.2	15.2	61.60	21.43	26.57	9.02	9.33
2010	20.1	67.3	16.3	64.46	20.09	26.40	9.72	10.21
2011	13.9	68.7	16.1	67.74	17.62	26.72	9.56	10.49
2012	13.5	68.7	20.1	71.41	17.07	26.40	11.97	11.21

附表 2　　2000—2012 年天津市分品种能源消费和碳排放

年份	碳排放（百万吨二氧化碳）				能源消费（百万吨标煤）			
	煤	油	气	电力	煤	油	气	电力
2000	18.2	34.6	1.2	20.7	39.30	19.85	15.84	0.70

续表

年份	碳排放（百万吨二氧化碳）				能源消费（百万吨标煤）			
	煤	油	气	电力	煤	油	气	电力
2001	18.3	35.5	1.7	21.4	41.00	20.54	16.35	1.03
2002	21.5	32.8	1.4	24.6	43.47	24.15	15.02	0.84
2003	24.0	36.6	1.6	28.2	49.21	27.65	16.77	0.94
2004	31.9	39.0	1.9	30.8	55.80	32.45	17.93	1.11
2005	33.7	41.3	2.0	34.6	59.89	34.86	18.99	1.18
2006	39.4	42.9	2.5	38.8	62.61	35.94	19.73	1.46
2007	43.1	45.0	3.1	41.7	65.70	36.91	20.66	1.86
2008	44.9	41.5	3.7	42.9	65.54	37.72	19.05	2.19
2009	48.8	44.7	4.0	46.8	68.36	38.38	20.54	2.36
2010	44.7	70.1	5.0	52.4	82.85	39.20	32.35	3.00
2011	50.4	77.6	5.7	57.7	93.45	45.37	35.77	3.38
2012	56.1	71.9	7.1	60.1	94.45	47.69	33.10	4.24

附表 3　　2000—2012 年河北省分品种能源消费和碳排放

年份	碳排放（百万吨二氧化碳）				能源消费（百万吨标煤）			
	煤	油	气	电力	煤	油	气	电力
2000	105.0	34.5	1.7	70.7	102.35	16.04	1.00	9.95
2001	110.6	32.1	1.5	74.4	105.74	14.91	0.91	10.69
2002	134.6	33.3	1.7	84.5	124.04	15.48	1.01	11.86
2003	169.8	38.0	1.8	99.1	146.85	17.67	1.08	13.51
2004	205.1	42.5	2.1	113.5	173.90	19.79	1.26	15.87
2005	267.3	53.6	2.0	131.3	215.57	24.95	1.19	18.46
2006	294.8	57.5	2.4	150.9	225.10	26.75	1.43	21.32
2007	299.0	60.7	2.6	164.6	241.02	28.19	1.57	24.75
2008	324.0	67.2	3.7	167.8	247.29	31.20	2.23	25.75
2009	333.0	67.4	5.0	190.3	253.04	31.29	3.00	28.81
2010	362.6	73.4	6.5	208.8	258.23	34.11	3.87	33.08
2011	423.9	84.3	7.7	236.8	306.76	39.14	4.56	36.68
2012	428.7	84.1	9.9	241.0	313.13	39.12	5.87	37.83

附表 4　　　2000—2012 年山西省分品种能源消费和碳排放

年份	碳排放（百万吨二氧化碳）				能源消费（百万吨标煤）			
	煤	油	气	电力	煤	油	气	电力
2000	118.6	5.9	0.2	44.2	118.92	2.67	0.15	6.22
2001	147.3	6.8	0.3	47.7	129.83	3.11	0.21	6.85
2002	188.6	7.2	0.4	55.1	166.75	3.31	0.25	7.73
2003	219.5	7.7	0.5	66.0	197.96	3.53	0.33	8.99
2004	222.8	9.0	0.6	73.9	213.55	4.11	0.38	10.34
2005	226.2	13.4	0.7	82.7	236.22	6.17	0.42	11.63
2006	246.3	15.8	1.3	95.5	254.05	7.27	0.78	13.49
2007	249.5	18.6	1.5	110.2	254.51	8.56	0.90	16.58
2008	235.9	23.0	1.4	105.2	242.44	10.56	0.86	16.14
2009	225.0	24.9	3.0	102.9	225.47	11.44	1.79	15.58
2010	230.9	22.8	6.3	113.3	228.64	10.47	3.76	17.94
2011	260.9	22.9	7.0	131.0	269.66	10.51	4.15	20.28
2012	280.1	23.2	8.2	138.3	283.62	10.61	4.86	21.70

附表 5　　　2000—2012 年内蒙古自治区分品种能源消费和碳排放

年份	碳排放（百万吨二氧化碳）				能源消费（百万吨标煤）			
	煤	油	气	电力	煤	油	气	电力
2000	41.7	9.1	0.0	22.4	46.88	4.20	0.00	3.15
2001	43.8	10.2	0.4	23.9	48.90	4.72	0.27	3.44
2002	51.7	10.7	0.0	28.1	57.02	4.94	0.03	3.94
2003	69.8	13.0	0.4	36.7	78.58	6.05	0.27	5.00
2004	88.6	18.3	1.0	47.1	100.61	8.48	0.57	6.58
2005	111.6	22.8	1.4	58.4	124.10	10.61	0.83	8.21
2006	175.9	36.1	6.7	106.2	192.57	16.75	3.97	15.00
2007	144.7	30.3	5.8	94.8	155.94	14.07	3.45	14.26
2008	170.7	36.1	6.7	97.7	185.50	16.75	3.97	15.00
2009	178.0	38.7	9.9	104.6	189.88	17.91	5.76	15.83
2010	180.7	42.3	9.9	119.2	197.75	19.62	5.89	18.89
2011	237.0	43.4	8.9	145.5	268.76	20.07	5.31	22.54
2012	245.1	40.9	8.3	157.9	284.06	18.75	4.92	24.79

附表 6　　　2000—2012 年辽宁省分品种能源消费和碳排放

年份	碳排放（百万吨二氧化碳）				能源消费（百万吨标煤）			
	煤	油	气	电力	煤	油	气	电力
2000	80.2	141.7	4.4	69.6	65.61	2.62	9.79	65.61
2001	77.0	150.1	4.1	69.3	69.57	2.46	9.95	69.57
2002	86.1	153.5	4.1	75.2	71.15	2.45	10.56	71.15
2003	98.4	162.0	4.1	80.0	75.18	2.45	10.90	75.18
2004	99.5	184.0	3.5	93.0	85.38	2.06	13.00	85.38
2005	131.1	198.4	3.2	97.1	92.07	1.93	13.65	92.07
2006	143.0	209.4	2.9	106.9	97.06	1.70	15.10	97.06
2007	155.2	223.3	3.1	111.1	103.54	1.85	16.71	103.54
2008	163.0	232.4	3.5	113.1	107.78	2.11	17.35	107.78
2009	172.2	230.1	3.6	120.8	106.85	2.14	18.29	106.85
2010	182.4	261.9	4.2	133.1	121.60	2.48	21.08	121.60
2011	201.7	275.5	8.5	147.7	127.92	5.08	22.88	127.92
2012	205.3	291.9	13.9	148.8	135.44	8.28	23.35	135.44

附表 7　　　2000—2012 年吉林省分品种能源消费和碳排放

年份	碳排放（百万吨二氧化碳）				能源消费（百万吨标煤）			
	煤	油	气	电力	煤	油	气	电力
2000	28.7	28.4	0.7	26.3	33.10	13.18	0.39	3.69
2001	29.5	28.5	0.7	27.7	34.40	13.23	0.39	3.97
2002	32.9	29.2	0.7	30.2	38.01	13.59	0.39	4.23
2003	38.9	34.3	0.7	32.4	44.87	15.94	0.40	4.42
2004	43.2	33.7	0.9	33.7	50.09	15.60	0.52	4.71
2005	49.5	42.3	1.7	33.1	56.66	19.69	0.99	4.65
2006	53.0	41.0	1.6	35.9	59.47	19.09	0.97	5.07
2007	54.8	42.6	2.1	37.8	60.61	19.82	1.25	5.69
2008	64.9	43.2	3.0	39.8	70.00	20.12	1.80	6.10
2009	64.7	42.0	3.6	41.8	68.19	19.54	2.17	6.33
2010	68.3	46.7	4.8	44.8	71.51	21.75	2.86	7.09
2011	83.4	52.6	4.2	50.0	88.05	24.50	2.52	7.75
2012	81.6	50.1	5.0	61.6	88.33	23.32	2.96	9.67

附表 8　　　2000－2012 年黑龙江省分品种能源消费和碳排放

年份	碳排放（百万吨二氧化碳）				能源消费（百万吨标煤）			
	煤	油	气	电力	煤	油	气	电力
2000	34.7	74.1	5.0	34.7	44.11	34.38	3.00	4.88
2001	33.1	73.2	4.8	40.1	41.41	34.03	2.86	5.75
2002	34.5	72.1	4.4	40.5	43.73	33.45	2.63	5.69
2003	43.0	74.6	4.6	45.4	54.21	34.72	2.72	6.19
2004	48.8	75.7	4.4	47.6	62.22	35.22	2.64	6.66
2005	56.1	80.7	5.3	49.8	71.96	37.57	3.18	7.00
2006	60.8	84.1	5.4	51.9	74.78	39.12	3.19	7.34
2007	64.0	86.7	6.7	52.5	78.57	40.41	3.99	7.90
2008	71.7	77.9	6.9	55.8	88.89	36.32	4.09	8.57
2009	69.8	92.1	6.6	55.9	83.44	42.93	3.90	8.46
2010	70.5	98.2	6.5	59.2	85.89	45.47	3.89	9.37
2011	80.5	104.3	6.8	64.8	99.17	48.33	4.03	10.04
2012	87.1	105.0	7.4	64.8	106.31	48.14	4.38	10.17

附表 9　　　2000—2012 年上海市分品种能源消费和碳排放

年份	碳排放（百万吨二氧化碳）				能源消费（百万吨标煤）			
	煤	油	气	电力	煤	油	气	电力
2000	47.0	67.5	0.6	48.9	40.55	30.38	0.33	6.88
2001	46.8	70.8	1.1	50.8	40.64	31.88	0.65	7.29
2002	48.2	77.8	0.9	56.5	43.33	34.58	0.56	7.94
2003	49.8	91.7	1.1	67.3	47.21	40.95	0.65	9.17
2004	50.0	100.6	2.3	72.2	48.64	44.27	1.39	10.10
2005	52.2	108.7	4.1	80.6	50.30	47.25	2.43	11.33
2006	50.9	109.1	4.9	86.1	47.78	46.95	2.94	12.17
2007	52.5	110.5	6.1	87.6	47.55	47.13	3.64	13.18
2008	53.3	119.1	6.6	91.1	49.22	50.85	3.90	13.99
2009	49.4	121.4	7.3	93.6	45.14	51.56	4.36	14.18
2010	51.7	130.3	9.8	100.5	47.00	55.13	5.86	15.93
2011	55.3	130.9	12.1	106.3	51.85	55.45	7.21	16.46
2012	52.0	134.6	14.1	106.0	48.64	57.22	8.37	16.63

附表 10　　　**2000—2012 年江苏省分品种能源消费和碳排放**

年份	碳排放（百万吨二氧化碳）				能源消费（百万吨标煤）			
	煤	油	气	电力	煤	油	气	电力
2000	60.6	66.6	0.1	84.9	69.18	30.40	0.03	11.94
2001	60.4	64.9	0.1	92.3	69.25	30.10	0.03	13.25
2002	68.1	70.2	0.2	109.0	78.76	32.56	0.13	15.30
2003	80.1	83.4	0.1	135.8	93.24	38.63	0.08	18.50
2004	107.1	95.9	0.7	159.9	118.47	44.27	0.41	22.37
2005	155.3	107.5	3.0	191.7	158.36	49.76	1.77	26.96
2006	171.7	109.9	6.8	223.6	169.45	50.97	4.07	31.58
2007	178.6	117.6	9.7	241.3	176.40	54.51	5.80	36.28
2008	177.4	116.2	13.8	249.7	178.79	53.87	8.21	38.32
2009	181.7	127.9	13.9	269.0	174.24	59.33	8.25	40.73
2010	198.7	144.0	15.8	299.8	183.27	66.78	9.38	47.49
2011	245.5	146.9	20.5	339.7	230.71	68.05	12.19	52.62
2012	249.7	151.0	24.7	358.7	235.75	69.92	14.71	56.30

附表 11　　　**2000—2012 年浙江省分品种能源消费和碳排放**

年份	碳排放（百万吨二氧化碳）				能源消费（百万吨标煤）			
	煤	油	气	电力	煤	油	气	电力
2000	33.6	60.1	0.0	64.9	41.33	27.73	0.00	9.13
2001	33.6	62.3	0.0	73.2	41.51	28.83	0.00	10.51
2002	42.0	67.5	0.0	88.9	52.33	31.21	0.00	12.48
2003	48.4	78.5	0.0	111.9	60.78	36.27	0.00	15.24
2004	56.7	95.4	0.1	124.7	71.19	44.12	0.04	17.45
2005	65.2	112.5	0.5	143.5	82.20	51.71	0.29	20.18
2006	77.9	112.9	2.6	166.1	94.39	51.92	1.55	23.46
2007	85.4	118.9	3.9	178.9	104.08	54.68	2.35	26.91
2008	90.2	121.8	3.9	186.0	105.62	55.99	2.30	28.55
2009	87.5	132.0	4.2	200.6	101.40	60.58	2.51	30.37
2010	84.5	148.0	7.1	218.8	99.35	67.93	4.24	34.67
2011	95.1	154.5	9.6	247.3	112.61	70.89	5.70	38.31
2012	93.1	148.1	10.5	251.4	110.50	67.92	6.25	39.46

附表 12　　　2000—2012 年安徽省分品种能源消费和碳排放

年份	碳排放（百万吨二氧化碳）				能源消费（百万吨标煤）			
	煤	油	气	电力	煤	油	气	电力
2000	49.2	18.8	0.0	29.6	49.29	8.68	0.00	4.17
2001	51.3	17.3	0.0	30.8	51.87	7.99	0.00	4.42
2002	55.6	18.2	0.0	34.1	57.16	8.44	0.00	4.79
2003	64.1	20.1	0.0	40.2	67.19	9.22	0.00	5.47
2004	65.3	22.3	0.0	45.3	70.53	10.26	0.02	6.34
2005	68.2	23.1	0.2	50.8	74.53	10.61	0.11	7.15
2006	72.8	25.0	0.4	57.6	77.16	11.62	0.25	8.14
2007	81.2	26.3	0.9	62.8	83.53	12.12	0.52	9.45
2008	91.7	27.6	1.6	68.8	96.29	12.72	0.93	10.56
2009	94.9	29.5	2.1	77.3	100.38	13.57	1.27	11.70
2010	95.8	31.6	2.7	83.6	99.98	14.65	1.63	13.25
2011	106.1	37.7	4.4	96.9	112.49	17.48	2.62	15.01
2012	111.5	39.5	5.4	106.6	118.23	18.31	3.24	16.73

附表 13　　　2000—2012 年福建省分品种能源消费和碳排放

年份	碳排放（百万吨二氧化碳）				能源消费（百万吨标煤）			
	煤	油	气	电力	煤	油	气	电力
2000	15.1	22.9	0.0	35.2	17.09	10.55	0.00	4.95
2001	15.0	22.1	0.0	37.7	17.07	10.19	0.00	5.41
2002	18.6	24.8	0.0	43.6	21.93	11.45	0.00	6.12
2003	24.1	27.6	0.0	52.8	28.09	12.49	0.00	7.19
2004	30.0	31.5	0.1	58.4	33.74	14.34	0.08	8.16
2005	37.9	34.7	0.1	66.1	42.01	15.65	0.07	9.30
2006	41.3	37.0	0.1	75.4	45.94	16.65	0.07	10.65
2007	46.3	39.5	0.1	81.8	50.85	17.71	0.06	12.29
2008	49.4	37.1	0.3	92.1	54.61	16.55	0.20	14.13
2009	58.5	49.7	1.9	98.7	58.02	22.43	1.10	14.94
2010	56.6	69.0	6.4	102.0	54.52	31.35	3.78	16.16
2011	69.8	65.8	8.3	120.6	70.80	29.81	4.93	18.68
2012	66.6	70.6	8.2	123.7	68.96	31.93	4.87	19.41

附表 14   2000—2012 年江西省分品种能源消费和碳排放

年份	碳排放（百万吨二氧化碳）				能源消费（百万吨标煤）			
	煤	油	气	电力	煤	油	气	电力
2000	20.0	16.4	0.0	18.3	20.43	7.61	0.00	2.57
2001	20.7	16.1	0.0	19.0	21.00	7.47	0.00	2.73
2002	22.8	18.3	0.0	21.6	22.36	8.50	0.00	3.03
2003	28.0	20.8	0.0	27.0	28.20	9.61	0.00	3.68
2004	36.1	21.1	0.0	34.2	36.58	9.69	0.00	4.78
2005	40.2	24.0	0.0	36.2	39.73	11.06	0.01	5.09
2006	43.7	25.8	0.1	39.4	42.11	11.90	0.09	5.57
2007	48.1	24.6	0.2	42.2	45.87	11.32	0.14	6.34
2008	48.2	25.1	0.5	43.8	46.40	11.59	0.33	6.72
2009	50.7	26.4	0.6	49.5	45.83	12.19	0.34	7.49
2010	55.3	31.8	1.2	54.3	50.06	14.72	0.69	8.61
2011	64.7	32.4	1.4	66.3	59.58	14.99	0.82	10.26
2012	64.3	36.1	2.2	67.9	58.75	16.69	1.31	10.66

附表 15   2000—2012 年山东省分品种能源消费和碳排放

年份	碳排放（百万吨二氧化碳）				能源消费（百万吨标煤）			
	煤	油	气	电力	煤	油	气	电力
2000	61.5	83.5	1.0	87.4	69.05	38.08	0.59	12.30
2001	74.8	81.1	1.1	133.6	85.71	36.98	0.64	19.17
2002	87.6	73.2	1.0	107.7	104.30	33.41	0.60	15.12
2003	113.0	99.0	2.1	125.9	130.68	45.77	1.25	17.15
2004	151.5	133.2	2.6	148.8	164.37	61.61	1.52	20.82
2005	222.8	160.2	3.7	172.8	236.32	74.17	2.23	24.30
2006	253.1	180.2	4.9	197.7	263.80	83.46	2.94	27.92
2007	268.4	192.1	4.9	212.2	278.68	88.89	2.91	31.91
2008	278.4	212.0	7.5	218.4	291.45	98.21	4.48	33.51
2009	278.0	233.5	8.8	238.8	281.30	108.18	5.23	36.15
2010	283.5	284.5	10.4	255.9	284.13	131.25	6.21	40.54
2011	313.6	304.5	11.5	288.5	316.80	140.36	6.87	44.68
2012	328.7	331.6	14.7	297.1	331.08	152.30	8.74	46.64

附表 16　　**2000—2012 年河南省分品种能源消费和碳排放**

年份	碳排放（百万吨二氧化碳）				能源消费（百万吨标煤）			
	煤	油	气	电力	煤	油	气	电力
2000	61.7	29.6	2.5	62.7	69.26	13.60	1.46	8.82
2001	65.8	29.6	2.9	69.2	72.98	13.63	1.70	9.94
2002	75.2	29.7	3.2	81.2	84.99	13.65	1.90	11.40
2003	85.8	13.1	3.7	95.1	98.63	5.92	2.18	12.96
2004	118.0	39.9	4.4	114.2	132.53	18.46	2.64	15.97
2005	145.2	41.0	5.2	121.3	163.44	18.95	3.08	17.05
2006	162.7	42.7	6.7	133.5	180.73	19.70	3.97	18.86
2007	178.0	45.4	7.2	152.4	193.55	20.93	4.31	22.91
2008	183.4	46.6	8.3	167.6	199.13	21.48	4.97	25.72
2009	176.7	48.3	9.1	184.7	191.68	22.19	5.40	27.96
2010	185.7	53.9	10.3	191.1	194.43	24.79	6.14	30.28
2011	217.6	61.6	12.0	224.0	227.42	28.11	7.15	34.69
2012	206.9	69.4	16.1	229.1	207.92	31.73	9.61	35.96

附表 17　　**2000—2012 年湖北省分品种能源消费和碳排放**

年份	碳排放（百万吨二氧化碳）				能源消费（百万吨标煤）			
	煤	油	气	电力	煤	油	气	电力
2000	50.7	38.0	0.2	44.0	50.57	17.42	0.12	6.18
2001	49.2	33.8	0.2	45.0	49.69	15.58	0.10	6.46
2002	53.9	37.5	0.2	49.7	55.45	17.26	0.12	6.97
2003	61.1	43.5	0.2	56.8	64.67	20.13	0.12	7.73
2004	67.3	47.7	0.2	61.5	72.61	22.07	0.12	8.60
2005	76.1	52.4	2.4	75.8	80.54	24.23	1.44	10.66
2006	82.6	60.4	2.1	77.8	87.13	27.71	1.25	11.00
2007	87.5	69.8	2.2	82.5	91.57	32.14	1.29	12.40
2008	87.9	70.5	3.4	86.2	88.14	32.36	2.03	13.23
2009	88.0	76.1	3.6	96.0	89.52	34.90	2.15	14.54
2010	102.7	70.4	4.3	110.0	102.67	32.34	2.55	17.43
2011	122.1	73.3	5.4	124.8	126.97	33.62	3.24	19.33
2012	121.1	74.5	6.4	128.6	127.46	34.11	3.81	20.19

附表 18　　　　2000—2012 年湖南省分品种能源消费和碳排放

年份	碳排放（百万吨二氧化碳）				能源消费（百万吨标煤）			
	煤	油	气	电力	煤	油	气	电力
2000	27.7	26.3	0.0	35.5	27.81	12.14	0.00	4.99
2001	32.2	22.5	0.0	37.6	33.12	10.43	0.00	5.40
2002	35.5	26.0	0.0	41.7	36.63	12.00	0.00	5.85
2003	42.6	27.2	0.0	49.3	44.68	12.57	0.00	6.72
2004	54.5	33.0	0.0	58.2	55.75	15.24	0.01	8.14
2005	65.3	39.3	1.1	68.8	76.23	18.07	0.63	9.67
2006	69.5	38.4	1.1	79.4	79.83	17.62	0.66	11.22
2007	87.4	43.4	1.7	83.3	88.52	19.96	0.99	12.53
2008	89.2	39.9	1.8	90.4	88.38	18.28	1.07	13.87
2009	89.2	41.7	2.2	100.0	87.98	19.03	1.33	15.14
2010	90.8	45.3	2.6	105.0	87.73	20.70	1.54	16.63
2011	97.0	53.5	3.3	122.6	103.38	24.50	1.99	18.99
2012	99.3	59.2	4.1	123.9	99.63	27.19	2.44	19.45

附表 19　　　　2000—2012 年广东省分品种能源消费和碳排放

年份	碳排放（百万吨二氧化碳）				能源消费（百万吨标煤）			
	煤	油	气	电力	煤	油	气	电力
2000	37.3	126.6	0.3	116.6	45.39	57.13	0.19	16.40
2001	38.6	131.9	0.0	124.8	46.26	59.42	0.00	17.92
2002	44.0	138.0	0.0	147.8	53.27	62.10	0.00	20.74
2003	55.4	149.1	0.3	183.2	67.03	67.00	0.16	24.96
2004	63.3	173.0	0.4	209.7	76.01	77.77	0.21	29.34
2005	70.5	192.6	0.5	244.2	84.96	86.64	0.32	34.35
2006	78.4	208.5	3.2	261.4	92.18	94.07	1.88	36.92
2007	86.0	209.0	10.0	277.4	100.78	94.34	5.94	41.71
2008	90.6	209.0	11.7	280.8	107.26	94.37	6.97	43.10
2009	88.3	227.3	24.6	293.0	103.72	102.99	14.67	44.36
2010	96.2	249.6	20.9	315.0	113.62	113.48	12.44	49.90
2011	117.6	242.3	25.0	349.1	140.20	110.08	14.88	54.06
2012	113.9	247.0	25.4	361.7	135.48	112.03	15.14	56.77

附表20　2000—2012年广西壮族自治区分品种能源消费和碳排放

年份	碳排放（百万吨二氧化碳）				能源消费（百万吨标煤）			
	煤	油	气	电力	煤	油	气	电力
2000	17.3	8.9	0.0	28.1	18.17	4.11	0.00	3.96
2001	17.0	8.9	0.0	27.6	17.85	4.11	0.00	3.96
2002	17.7	12.3	0.0	31.3	18.25	5.57	0.00	4.39
2003	22.0	13.7	0.0	37.4	23.36	6.25	0.00	5.10
2004	31.5	16.6	0.0	40.1	31.42	7.68	0.00	5.61
2005	35.7	17.9	0.2	44.6	34.34	8.24	0.15	6.27
2006	37.7	19.5	0.3	50.4	36.44	9.09	0.16	7.12
2007	42.9	21.8	0.3	55.7	41.24	10.20	0.17	8.37
2008	44.7	22.2	0.2	60.9	41.82	10.22	0.13	9.35
2009	47.4	24.9	0.3	69.5	43.89	11.64	0.16	10.52
2010	52.4	34.9	0.4	77.1	48.92	16.25	0.24	12.21
2011	61.0	57.2	0.6	88.3	58.62	26.69	0.33	13.67
2012	64.6	71.9	0.7	90.3	61.45	33.52	0.41	14.18

附表21　2000—2012年海南省分品种能源消费和碳排放

年份	碳排放（百万吨二氧化碳）				能源消费（百万吨标煤）			
	煤	油	气	电力	煤	油	气	电力
2000	1.2	4.0	1.2	3.7	1.46	1.51	0.69	0.52
2001	1.9	4.7	0.0	3.8	2.47	1.80	0.00	0.55
2002	2.3	0.0	0.0	4.3	3.10	0.00	0.00	0.60
2003	3.9	5.0	5.3	5.3	5.03	1.63	3.13	0.73
2004	3.1	5.0	5.2	6.0	4.01	1.65	3.11	0.84
2005	2.6	5.1	4.6	7.1	2.90	1.56	2.73	1.00
2006	2.6	12.7	5.2	8.5	2.86	5.04	3.12	1.20
2007	3.2	31.7	5.1	9.3	3.53	13.77	3.05	1.39
2008	3.2	32.0	5.8	9.8	3.80	13.86	3.48	1.51
2009	3.5	34.1	5.4	10.9	4.07	14.70	3.24	1.64
2010	3.3	36.0	6.5	12.3	4.41	15.65	3.86	1.94
2011	4.5	38.4	10.7	14.7	5.96	16.73	6.35	2.27
2012	5.1	39.2	10.4	16.5	6.87	17.20	6.17	2.58

附表 22　　　2000—2012 年重庆市分品种能源消费和碳排放

年份	碳排放（百万吨二氧化碳）				能源消费（百万吨标煤）			
	煤	油	气	电力	煤	油	气	电力
2000	21.9	4.3	7.3	26.9	23.71	1.91	4.32	3.78
2001	20.2	4.7	6.3	25.2	21.19	2.09	3.74	3.62
2002	23.5	4.5	6.0	24.8	25.50	2.03	3.55	3.48
2003	21.9	4.7	6.3	26.5	23.50	2.09	3.74	3.62
2004	23.9	8.2	6.6	27.2	26.08	3.68	3.94	3.80
2005	37.9	8.6	7.8	30.5	38.71	3.88	4.62	4.29
2006	38.3	9.4	8.7	35.3	40.98	4.10	5.21	4.98
2007	39.4	11.1	9.5	36.7	42.73	4.84	5.66	5.52
2008	40.9	12.3	10.6	38.9	44.12	5.34	6.34	5.97
2009	41.6	12.7	10.8	43.2	45.27	5.48	6.43	6.54
2010	41.7	15.4	12.4	48.5	46.49	6.63	7.36	7.68
2011	50.8	18.9	13.5	56.9	56.24	8.14	8.03	8.81
2012	52.6	19.4	15.5	56.6	54.73	8.32	9.23	8.89

附表 23　　　2000—2012 年四川省分品种能源消费和碳排放

年份	碳排放（百万吨二氧化碳）				能源消费（百万吨标煤）			
	煤	油	气	电力	煤	油	气	电力
2000	40.7	12.2	12.8	40.4	40.63	5.27	7.63	5.68
2001	40.3	14.4	13.8	50.2	38.78	6.19	8.20	7.21
2002	48.1	15.3	15.3	58.7	47.59	6.47	9.09	8.24
2003	63.5	17.6	16.3	68.5	65.51	7.33	9.71	9.33
2004	75.8	21.0	17.6	75.3	76.19	8.81	10.48	10.53
2005	80.2	23.4	19.5	82.4	79.58	9.76	11.64	11.58
2006	85.7	28.4	23.2	92.2	83.53	11.92	13.79	13.02
2007	93.8	34.1	24.5	96.2	90.07	14.33	14.58	14.47
2008	96.1	39.5	23.8	97.1	93.87	16.88	14.16	14.91
2009	100.1	46.0	27.7	110.6	99.19	19.59	16.51	16.74
2010	99.9	51.3	38.3	120.2	91.64	21.80	22.80	19.04
2011	106.4	57.5	34.1	155.7	97.74	24.33	20.29	24.12
2012	113.1	61.2	33.4	157.4	102.83	26.07	19.89	24.70

附表 24　　2000—2012 年贵州省分品种能源消费和碳排放

年份	碳排放（百万吨二氧化碳）				能源消费（百万吨标煤）			
	煤	油	气	电力	煤	油	气	电力
2000	36.0	3.8	1.2	29.3	40.73	1.65	0.74	4.11
2001	33.9	4.4	1.3	38.4	38.39	2.02	0.78	5.52
2002	37.3	4.7	1.2	43.0	42.57	2.16	0.71	6.04
2003	48.9	5.5	1.2	49.7	58.00	2.53	0.71	6.77
2004	58.0	5.9	1.1	51.2	69.28	2.72	0.65	7.17
2005	57.0	6.8	1.1	42.6	68.42	3.14	0.66	5.98
2006	64.5	8.6	1.1	50.6	75.74	3.88	0.65	7.15
2007	69.0	9.8	1.1	54.7	78.50	4.55	0.67	8.22
2008	70.0	11.8	1.0	54.4	79.68	5.45	0.62	8.35
2009	70.5	11.9	0.9	60.9	82.89	5.53	0.54	9.22
2010	67.1	13.5	0.9	64.8	78.02	6.19	0.54	10.27
2011	78.3	14.9	1.0	74.9	92.28	6.83	0.62	11.60
2012	85.2	16.0	1.1	82.0	102.11	7.31	0.68	12.86

附表 25　　2000—2012 年云南省分品种能源消费和碳排放

年份	碳排放（百万吨二氧化碳）				能源消费（百万吨标煤）			
	煤	油	气	电力	煤	油	气	电力
2000	28.0	5.5	1.1	27.7	26.35	2.33	0.67	3.90
2001	28.5	7.9	1.2	29.7	26.39	3.46	0.69	4.27
2002	38.6	9.5	1.1	34.4	33.29	4.20	0.67	4.84
2003	51.4	10.6	1.2	37.0	45.18	4.69	0.73	5.04
2004	67.3	11.9	1.3	41.8	57.61	5.26	0.75	5.84
2005	78.8	13.7	1.3	48.7	67.52	6.04	0.80	6.85
2006	83.1	15.6	1.2	56.2	72.43	6.84	0.71	7.93
2007	86.0	18.2	1.2	60.9	72.42	8.02	0.71	9.16
2008	86.3	19.8	1.2	66.4	74.18	8.77	0.69	10.19
2009	87.1	21.0	1.0	72.3	76.98	9.35	0.59	10.95
2010	85.1	26.5	0.8	77.9	75.66	11.76	0.47	12.34
2011	89.9	28.6	0.9	95.5	82.50	12.68	0.55	14.80
2012	95.1	31.2	0.9	102.9	85.72	13.83	0.56	16.14

附表 26　　　2000—2012 年陕西省分品种能源消费和碳排放

年份	碳排放（百万吨二氧化碳）				能源消费（百万吨标煤）			
	煤	油	气	电力	煤	油	气	电力
2000	19.5	25.3	1.5	27.5	21.95	11.53	0.87	3.86
2001	21.0	28.7	2.4	29.5	24.18	13.08	1.41	4.24
2002	25.3	33.9	3.1	32.7	28.45	15.36	1.82	4.59
2003	30.0	38.0	4.0	38.1	34.29	17.22	2.37	5.19
2004	38.5	46.3	7.2	40.4	43.77	20.98	4.26	5.65
2005	45.3	54.3	4.1	45.1	52.81	24.89	2.44	6.34
2006	54.5	62.0	6.2	50.5	64.00	28.50	3.70	7.14
2007	59.2	67.0	9.0	53.4	66.57	31.30	5.37	8.03
2008	63.5	75.5	11.3	56.7	72.95	35.01	6.71	8.70
2009	71.5	80.8	10.9	60.1	75.39	37.57	6.50	9.10
2010	81.5	89.4	12.9	66.7	86.40	41.58	7.69	10.56
2011	97.0	91.2	13.6	78.0	105.10	42.43	8.12	12.07
2012	114.3	97.1	14.4	83.5	125.15	45.19	8.58	13.11

附表 27　　　2000—2012 年甘肃省分品种能源消费和碳排放

年份	碳排放（百万吨二氧化碳）				能源消费（百万吨标煤）			
	煤	油	气	电力	煤	油	气	电力
2000	19.3	34.9	0.2	25.8	20.25	16.20	0.11	3.63
2001	19.3	35.3	0.3	26.2	20.39	16.40	0.15	3.76
2002	21.6	35.0	0.6	30.0	23.41	16.27	0.36	4.21
2003	25.2	37.6	1.6	35.9	28.14	17.47	0.96	4.90
2004	32.2	41.8	1.9	39.7	32.38	19.41	1.11	5.56
2005	36.3	44.6	2.1	42.8	35.35	20.75	1.25	6.02
2006	38.1	47.6	2.6	46.7	36.45	22.12	1.56	6.59
2007	43.0	50.8	2.8	50.2	40.08	23.63	1.69	7.56
2008	43.6	50.2	2.6	54.3	41.52	23.30	1.56	8.33
2009	40.8	52.2	2.7	57.3	37.80	24.22	1.62	8.67
2010	43.9	51.9	3.1	62.4	41.98	24.12	1.87	9.89
2011	52.8	59.4	3.5	73.3	51.93	27.62	2.06	11.35
2012	56.1	58.0	4.4	77.9	54.77	26.93	2.64	12.22

附表 28　　　　　2000—2012 年青海省分品种能源消费和碳排放

年份	碳排放（百万吨二氧化碳）				能源消费（百万吨标煤）			
	煤	油	气	电力	煤	油	气	电力
2000	28.8	35.5	2.4	33.60	24.66	14.99	1.42	4.73
2001	27.7	35.5	3.7	34.10	23.75	14.87	2.18	4.90
2002	26.2	37.8	4.6	38.17	23.29	15.74	2.73	5.36
2003	29.7	37.2	4.6	41.61	26.17	15.57	2.75	5.67
2004	32.2	42.8	5.9	44.82	28.94	17.63	3.51	6.27
2005	31.2	44.1	7.0	49.56	29.42	18.16	4.17	6.97
2006	29.0	47.3	8.9	53.85	28.00	19.08	5.28	7.61
2007	28.2	55.0	10.2	55.18	26.60	22.18	6.06	8.30
2008	23.0	62.4	13.2	56.71	23.52	25.12	7.88	8.70
2009	20.9	66.2	15.2	61.60	21.43	26.57	9.02	9.33
2010	20.1	67.3	16.3	64.46	20.09	26.40	9.72	10.21
2011	13.9	68.7	16.1	67.74	17.62	26.72	9.56	10.49
2012	13.5	68.7	20.1	71.41	17.07	26.40	11.97	11.21

附表 29　2000—2012 年宁夏回族自治区分品种能源消费和碳排放

年份	碳排放（百万吨二氧化碳）				能源消费（百万吨标煤）			
	煤	油	气	电力	煤	油	气	电力
2000	6.7	4.6	0.0	10.1	8.06	2.11	0.02	1.42
2001	17.8	8.9	2.2	13.0	22.21	4.14	1.31	1.87
2002	17.2	0.0	0.0	15.7	22.98	0.00	0.00	2.20
2003	19.7	8.9	2.2	19.1	24.80	4.14	1.31	2.61
2004	20.7	8.4	1.5	24.0	24.14	3.86	0.88	3.35
2005	22.5	8.1	1.4	26.8	27.96	3.77	0.86	3.77
2006	25.0	8.6	1.7	32.9	29.58	3.99	1.03	4.64
2007	25.7	8.3	2.0	35.9	32.31	3.82	1.17	5.40
2008	32.0	9.5	2.4	35.2	35.48	4.37	1.43	5.40
2009	33.6	9.5	2.6	38.2	37.19	4.37	1.56	5.78
2010	36.3	10.9	3.4	42.4	41.50	4.96	2.01	6.72
2011	54.3	8.1	4.1	57.5	61.58	3.67	2.42	8.90
2012	55.9	18.1	4.5	58.1	63.13	8.33	2.66	9.12

附表 30　　　　2000—2012 年新疆维吾尔自治区分品种能源
消费和碳排放

年份	碳排放（百万吨二氧化碳）				能源消费（百万吨标煤）			
	煤	油	气	电力	煤	油	气	电力
2000	17.3	43.3	5.1	15.99	20.89	19.91	3.05	2.25
2001	17.2	43.3	7.6	16.92	20.72	19.85	4.50	2.43
2002	19.3	44.2	7.5	18.58	23.27	20.37	4.49	2.61
2003	22.1	47.0	8.9	21.17	26.93	21.67	5.27	2.88
2004	26.5	51.1	11.8	23.36	31.52	23.58	7.02	3.27
2005	29.4	64.1	12.2	27.11	33.83	29.54	7.29	3.81
2006	33.7	71.5	14.2	30.99	37.97	32.93	8.46	4.38
2007	37.3	74.9	15.2	34.07	41.07	34.48	9.08	5.12
2008	46.9	75.9	15.3	38.39	48.60	34.88	9.08	5.89
2009	56.4	77.1	14.8	44.48	59.05	35.53	8.83	6.73
2010	61.0	87.8	17.5	51.35	61.53	40.47	10.42	8.14
2011	80.1	97.5	20.8	66.58	79.81	44.94	12.35	10.31
2012	97.1	99.6	22.3	90.17	98.62	45.84	13.25	14.15

参考文献

1. Ackerman, F., Stephen J. DeCanio, Richard B. Howarth and Kristen A. Sheeran, 2009, Limitations of Integrated Assessment Models of Climate Change. *Climatic Change*, 95: 297 – 315.

2. Andreas Loschel, Technological Change in Economic Models of Environmental Policy: A Survey. *Ecological Economics*, 2002, 43 (2 – 3): 105 – 126.

3. Ang, B. W., 2004, Decomposition Analysis for Policymaking in Energy: Which is the Preferred Method?. *Energy Policy*, (32): 1131 – 1139.

4. Ang, B. W., 2005, The LMDI Approach to Decomposition Analysis: a Practical Guide. *Energy Policy*, (33): 867 – 871.

5. Ang, B. W., 2006, Monitoring Changes in Economy – wide Energy Efficiency: From Energy – GDP Ratio to Composite Efficiency Index. *Energy Policy*, 34 (5): 574 – 582.

6. Ang, B. W., A. R. Mu, P. Zhou, 2010, Accounting Frameworks for Tracking Energy Efficiency Trends. *Energy Economics*, 32, 1209 – 1219.

7. B. W. Ang, F. L. Liu, 2001, A new Energy Decomposition Method: Perfect in de – composition and Consistent in Aggregation. *Energy*, 26 (6): 537 – 548.

8. Ang, B. W., F. L. Liu, E. P. Chew, 2003, Perfect Decomposition Techniques in Energy and Environmental Analysis. *Energy Policy*, (31): 1561 – 1566.

9. Ang, B. W., F. L. Liu, Hyun – sik Chung, 2004, A Generalized

Fisher Index Approach to Energy Decomposition Analysis. *Energy Economics*, (26): 757 - 763.

10. Ang, B. W. , F. Q. Zhang, K. H. Choi, 1998, Factoring Changes in Energy and Environmental Indicators Through Decomposition. *Energy*, 23 (6): 489 - 495.

11. Ang, B. W. , F. Q. Zhang, 2000, A Survey of Index Decomposition Analysis in Energy and Environmental Studies. *Energy*, 25 (12): 1149 - 1176.

12. Ang, B. W. , H. C. Huang, A. R. Mu, 2009, Properties and Linkages of Some Index Decomposition Analysis Methods. *Energy Policy*, 37: 4624 - 4632.

13. Ang, B. W. , K. H. Choi, 1997, Decomposition of Aggregate Energy and Gas Emission Intensities for Industry: A Refined Divisia Index Method. *Energy Journal*, 8 (3): 59 - 73.

14. Ang, B. W. , Na Liu, 2007, Decomposition Analysis: IEA Model Versus other Methods. *Energy Policy*, (35): 1426 - 1432.

15. Ang, B. W. and S. Y. Lee, 1994, Decomposition of Industrial Energy Consumption: Some Methodological and Application Issues. *Energy Economics*, (16): 83 - 92.

16. Arnell, N. , Kram, T. , Carter, T. et al. , 2011, A Framework for a new Generation of Socioeconomic Scenarios for Climate Change Impact, Adaptation, Vulnerability, and Mitigation Research [R/OL] . http: // www. isp. ucar. edu/sites/default/files/Scenario _ FrameworkPaper _ 15aug11_ 0. pdf.

17. Bhattacharyya, S. C. and W. Matsumura, 2010, Changes in the GHG Emission Intensity in EU - 15: Lessons from a Decomposition Analysis. *Energy*, 35 (8): 3315 - 3322.

18. Boyd, G. , J. F. McDonald, M. Ross, D. A. Hanson, 1987, Separating the Changing Composition of US Manufacturing Production from Energy Efficiency Improvements: A Divisia Index Approach. *Energy*

Journal, 8 (2): 77 - 96.

19. Carter, T. R., Parry, M. L., Harasawa, H. and Nishioka, S.,
1994, IPCC Technical Guidelines for Assessing Climate Change Im-
pacts and Adaptations. Geneva: Intergovernmental Panel on Climate
Change.

20. DECC, DECC Evaluation Guide, http://www.gov.uk/government/
policies/.

21. Duro, J. A. and E. Padilla, 2006, International Inequalities in Per
Capita CO_2 Emissions: A Decomposition Methodology by Kaya Fac-
tors. *Energy Economics*, 28 (2): 170 - 187.

22. Ebi, K. L., Stephane Hallegatte, Tom Kram et al., 2014, A new
Scenario Framework for Climate Change Research: Background,
Process, and Future Directions. *Climatic Change*, 122: 363 - 372.

23. Environmental Defense Fund (EDF), 2009, Special Lssues on Ameri-
can Clean Energy and Security Act. Available at: http://www.edf.org/.

24. Gaffin, S. R., R. C. Rosenzweig, X. Xing, G. Yetman, 2004, Down-
scaling and Geo - Spatial Grid of Socioeconomic Projections from the
IPCC Special Report on Emissions Scenarios (SRES). *Global Envi-
ronmental Change*, 105 - 1233.

25. Gale A. Boyd, Joseph M. Roop, 2004, A Note on the Fisher Ideal
Index Decomposition for Structural Change in Energy Intensity. *The
Energy Journal*, No. 1.

26. Global Commission on the Economy and Climate, 2014, Better
Growth Better Climate, http://newclimateeconomy.report/TheNew
Climate Economy Report. pdf.

27. IPCC, 1990, Emissions Scenarios Prepared by the Response Strate-
gies Working Group of the Intergovernmental Panel on Climate
Change. Report of the Expert Group on Emissions Scenarios.

28. IPCC, 1992, Climate Change 1992: *The Supplementary Report to the
IPCC Scientific Assessment* [Houghton, J. T., B. A. Callander and

S. K. Varney（eds.）］. Cambridge University Press, Cambridge, United Kingdom and New York, NY, USA, p. 116.

29. IPCC, 1996, Climate Change 1995: The Science of Climate Change. *Contribution of Working Group I to the Second Assessment Report of the Intergovernmental Panel on Climate Change* ［Houghton, J. T., L. G. Meira, A. Callander, N. Harris, A. Kattenberg and K. Maskell（eds.）］. Cambridge University Press, Cambridge, United Kingdom and New York, NY, USA, p. 572.

30. IPCC, 2000a, Emissions Scenarios. *Special Report of Working Group III of the Intergovernmental Panel on Climate Change* ［Nakicenovic, N. and R. Swart（eds.）］. Cambridge University Press, Cambridge, United Kingdom and New York, NY, USA, 599 pp.

31. IPCC, 2000b, Land Use, Land – Use Change, and Forestry. *Special Report of the Intergovernmental Panel on Climate Change* ［Watson, R. T., I. R. Noble, B. Bolin, N. H. Ravindranath, D. J. Verardo and D. J. Dokken（eds.）］. Cambridge University Press, Cambridge, United Kingdom and New York, NY, USA, p. 377.

32. IPCC, 2001a, Climate Change 2001: The Scientific Basis. *Contribution of Working Group I to the Third Assessment Report of the Intergovernmental Panel on Climate Change* ［Houghton, J. T., Y. Ding, D. J. Griggs, M. Noquer, P. J. van der Linden, X. Dai, K. Maskell and C. A. Johnson（eds.）］. Cambridge University Press, Cambridge, United Kingdom and New York, NY, USA, p. 881.

33. IPCC, 2001b, Climate Change 2001: Impacts, Adaptation, and Vulnerability. *Contribution of Working Group II to the Third Assessment Report of the Intergovernmental Panel on Climate Change* ［McCarthy, J., O. Canziani, N. Leary, D. Dokken and K. White（eds.）］, Cambridge University Press, Cambridge, United Kingdom and New York, NY, USA, p. 1032.

34. IPCC, 2007a, Climate Change 2007: The Physical Science Ba-

sis. Contribution of Working Group I to the Fourth Assessment Report of the Intergovernmental Panel on Climate Change [Solomon, S., D. Qin, M. Manning, Z. Chen, M. Marquis, K. B. Averyt, M. Tignor and H. L. Miller (eds.)]. Cambridge University Press, Cambridge, United Kingdom and New York, NY, USA, p. 996.

35. IPCC, 2007b, Climate Change 2007: Impacts, Adaptation and Vulnerability. *Contribution of Working Group II to the Fourth Assessment Report of the Intergovernmental Panel on Climate Change* [Parry, M. L., O. F. Canziani, J. P. Palutikof, P. J. van der Linden, C. E. Hanson (eds.)]. Cambridge University Press, Cambridge, United Kingdom and New York, NY, USA.

36. IPCC, 2007c, Climate Change 2007: Mitigation of Climate Change. *Contribution of Working Group III to the Fourth Assessment Report of the Intergovernmental Panel on Climate Change* [B. Metz, O. R. Davidson, P. R. Bosch, R. Dave, L. A. Meyer (eds)]. Cambridge University Press, Cambridge, United Kingdom and New York, NY, USA.

37. IPCC, 2012a, Managing the Risks of Extreme Events and Disasters to Advance Climate Change Adaptation. *A Special Report of Working Groups I and II of the Intergovernmental Panel on Climate Change* [Field, C. B., V. Barros, T. F. Stocker, D. Qin, D. J. Dokken, K. L. Ebi, M. D. Mastrandrea, K. J. Mach, G. – K. Plattner, S. K. Allen, M. Tignor and P. M. Midgley (eds.)]. Cambridge University Press, Cambridge, UK and New York, NY, USA, pp. 582.

38. IPCC, 2012b, Meeting Report of the Intergovernmental Panel on Climate Change Expert Meeting on Geoengineering [Edenhofer, O., R. Pichs – Madruga, Y. Sokona, C. Field, V. Barros, T. F. Stocker, Q. Dahe, J. Minx, K. J. Mach, G. – K. Plattner, S. Schl? mer, G. Hansen and M. Mastrandrea (eds.)]. IPCC Working Group III Technical Support Unit, Potsdam Institute for Climate Im-

pact Research, Potsdam, Germany, p. 99.

39. IPCC, 2013, Climate Change 2013: The Physical Science Basis. *Contribution of Working Group I to the Fifth Assessment Report of the Intergovernmental Panel on Climate Change* [Stocker, T. F. , D. Qin, G. - K. Plattner, M. Tignor, S. K. Allen, J. Boschung, A. Nauels, Y. Xia, V. Bex and P. M. Midgley (eds.)] . Cambridge University Press, Cambridge, United Kingdom and New York, NY, USA, pp. 1535, doi: 10. 1017/CBO9781107415324.

40. IPCC, 2014a, Climate Change 2014: Impacts, Adaptation, and Vulnerability. *Part B: Regional Aspects. Contribution of Working Group II to the Fifth Assessment Report of the Intergovernmental Panel on Climate Change* [Barros, V. R. , C. B. Field, D. J. Dokken et al. (eds.)] . Cambridge University Press, Cambridge, United Kingdom and New York, NY, USA, p. 1780.

41. IPCC, 2014b, Climate Change 2014: Mitigation of Climate Change. *Contribution of Working Group III to the Fifth Assessment Report of the Intergovernmental Panel on Climate Change* [Edenhofer, O. , R. Pichs - Madruga, Y. Sokona et al. (eds.)] . Cambridge University Press, Cambridge, United Kingdom and New York, NY, USA, p. 1276.

42. IPCC, IPCC Guidelines for National Greenhouse Gas Inventories, http: //www. IPCC. ch.

43. Karl Schroeder, 2012, Reviewing Futures: The Shell Energy Scenarios to 2050, http: //www. tor. com/2012/01/30/reviewing - futures - shell - to - 2050/.

44. Kees Van Der Heijden, 2004, The Sixth Sense: Accelerating Organisational Learning With Scennarios.

45. Kriegler, E. , O'Neill, B. , Hallegatte, S. et al. , 2011, Socioeconomic Scenario Development for Climate Change Analysis: Joint IPCC Workshop of Working Group III and II on Socioeconomic Scenarios for Climate Change Impact and Response Assessments

[R/OL]. http：//www. ipccwg3. de/meetings/expert – meetings – and – workshops/files/Vuuren – et – al – 2010 – Developing – New – Scenarios – 2010 – 10 – 20. pdf.

46. Lise，W.，2006，Decomposition of CO_2 emissions over 1980 – 2003 in Turkey. *Energy Policy*，34（14）：1841 – 1852.

47. Liu，Chun – Chu，2006，A study on decomposition of industry energy consumption. *International Research Journal of Finance and Economics*.

48. Liu，N.，Ang，B. W.，2007，Factor shaping aggregate energy intensity trend for industry：Energy intensity versus product mix. *Energy Economics*，29：609 – 635.

49. Leggett，J.，W. J. Pepper，R. J. Swart，J. Edmonds，L. G. Meira Filho，I. Mintzer，M. X. Wang and J. Watson，1992，"Emissions Scenarios for the IPCC：An Update"，*Climate Change 1992：The Supplementary Report to The IPCC Scientific Assessment*，Cambridge University Press，UK，pp. 68 – 95.

50. Manne，A. S.，Richels，R. G.，1992，*Buying Greenhouse Insurance：The Economic Costs of CO_2 Emission Limits*. Massachusetts：The MIT Press.

51. Manne，A. S. and R. G. Richels，2004，Merge：An Integrated Assessment Model for Global Climate Change. Available at：www. standford. edu/group/MERGE/.

52. Manne，A. S.，Wene，C. O.，1992，Markal – Macro：A Linked Model For Energy Economy Analysis，BNL – 47161. New York：Brookhaven National Laboratory（BNL）and Associated Universities，Inc. .

53. Manning，M. R.，M. Petit，D. Easterling，J. Murphy，A. Patwardhan，H. – H. Rogner，R. Swart and G. Yohe（eds. ），2004，IPCC Workshop on Describing Scientific Uncertainties in Climate Change to Support Analysis of Risk of Options. Workshop Report. Intergovernmental Panel on Climate Change，Geneva，Switzer-

land, p. 138.

54. Martin, J. P. , Burniaux, J. M. , Nicoletti, G. et al. , 1992, The
Costs of International Agreements to Reduce CO_2 Emission: Evidence
from Green. *OECD Economics Studies*, (19): 93 – 121.

55. Martin Wolf, 2014, Clean Growth is a Safe Bet in the Climate Casi-
no, http: //www. ft. com/cms/.

56. Moss, R. and S. Schneider, 2000, Uncertainties in the IPCC TAR:
Recommendations to Lead Authors for More Consistent Assessment and
Reporting. In: IPCC Supporting Material: Guidance Papers on Cross
Cutting Issues in the Third Assessment Report of the IPCC [Pachauri,
R. , T. Taniguchi and K. Tanaka (eds.)] . Intergovernmental Panel
on Climate Change, Geneva, Switzerland, pp. 33 – 51.

57. Moss, R. , M. Babiker, S. Brinkman, E. Calvo, T. Carter et al. ,
2008, Towards new Scenarios for Analysis of Emissions, Climate
Change, Impacts and Response Strategies. IPCC Expert Meeting Re-
port, 19–21 September, 2007, Noordwijkerhout, Netherlands, In-
tergovernmental Panel on Climate Change (IPCC), Geneva, Switz-
erland, p. 132.

58. Moss, R. , J. A. Edmonds, K. A. Hibbard et al. , 2010, The next
generation of scenarios for climate change research and assessment.
Nature, 463: 747 – 756.

59. Moss, R. , Babiker, M. , Brinkman, S. et al. , 2008, W Scenarios
for Analysis of Emissions, Climate Change, Impacts, and Response
Strategies [R/OL] . Technical Summary of IPCC Expert Meeting Re-
port on 19 – 21 September, 2007, Noordwijkerhout, Netherlands. ht-
tp://www. ipcc. ch/pdf/supporting – material/expert – meeting – ts –
scenarios. pdf.

60. Myers, J. and L. Nakamura, 1978, *Saving Energy in Manufacturing.*
Cambridge, MA: Ballinger.

61. Nakicenovic, N. et al. , 2000, *Special Report on Emissions Scenari-*

os: *A Special Report of Working Group III of the Intergovernmental Panel on Climate Change.* Cambridge University Press, Cambridge, United Kingdom.

62. O'Neill, B. C., Carter T. R., Ebi, K. L. et al., 2012, Meeting Report of the Workshop on the Nature and use of new Socioeconomic Pathways for Climate Change Research, Boulder, CO, November 2J4, Available At http://www. isp. ucar. edu/socio – economic – pathways.

63. O'Neill, B. C., Elmar Kriegler, Keywan Riahi et al., 2014, A new Scenario Framework for Climate Change Research: the Concept of Shared Socioeconomic Pathways. *Climatic Change*, 122: 387 – 400.

64. Rahul Pandey, 2002, Energy Policy Modelling: Agenda for Developing Countries. *Energy Policy*, 30: 97 – 106.

65. Raskin, P. D., Eric Kemp – Benedict, 2002, Global Enviromental Outlook Scenario Framework. http://www. polestarproject. org/Additional%20PS%20Reports/GEOScenarioFramework. pdf.

66. Richard F. Garbaccio, Mun, S. H., W. Jorgenson, 1999, Why Has the Energy – output Ratio Fallen in China? *The Energy Journal*, (25), No. 1.

67. Stanton, E. A., F. Ackerman and S. Kartha, 2009, Inside the Integrated Assessment Models: Four Issues in Climate Economics. *Climate and Development*, (1): 166 – 184.

68. Stern, N., 2006, *The Economics of Climate Change: The Stern Review.* Cambridge, UK: Cambridge University Press.

69. Stern, N., 2008, Key Elements of a Global Deal on Climate Change. The London School of Economics and Political Science (LSE), April 30.

70. Sun, J. W., 1998, Changes in Energy Consumption and Energy Intensity: A Complete Decomposition Model. *Energy Economics*, (20): 85 – 100.

71. Sun, J. W., 1999, Decomposition of Aggregate CO_2 Emissions in the OECD: 1960 – 1995. *Energy Journal*, 20: 147 – 155.

72. UK Climate Impacts Programme (UKCIP), 2001, Socio – economic Scenarios for Climate Change Impact Assessment: A Guide to Their Use in the UK Climate Impacts Programme. UKCIP, Oxford.

73. UNFCC, Full Text of the Convention. http: //unfccc. int/essential_background/convention/background/items/1353. php.

74. UNFCCC, 1994, *United Nations Framework Convention on Climate Change*. Beijing: China Environment Press.

75. UNFCCC, 2013, Reporting and Accounting of LULUCF Activities Under the Kyoto Protocol. United Nations Framework Convention on Climatic Change (UNFCCC), Bonn, Germany. Available at: http: //unfccc. int/methods/lulucf/items/4129. php.

76. Van Vuuren, D. P. , J. Edmonds, M. Kainuma et al. , 2011, The Representative Concentration Pathways: An overview. *Climatic Change*, 109: 5 – 31.

77. Van Vuuren, D. , Riahi, K. , Moss, R. et al. , 2012, A Proposal for a New Scenario Framework to Support Research and Assessment in Different Climate Research Communities. *Global Environmental Change*, 22: 21 – 35.

78. Van Vuuren, D. P. , Smith, S. J. , Riahi, K. , 2010, Downscaling Socioeconomic and Emissions Scenarios for Global Environmental Change Research: A review. *WIREs Climatic Change*, 1: 393 – 404.

79. Van Vuuren, D. P. , Edmonds, J. A. , Kainuma, M. , Riahi, K. , Weyant, J. , 2011, A Special Issue on the RCPs. *Climatic Chang* 109: 1 – 4.

80. Van Vuuren, D. P. , Riahi, K. , Moss, R. , Edmonds, J. , Thomson, A. , Nakicenovic, N. , Kram, T. , Berkhout, F. , Swart, R. , Janetos, A. , Rose, S. K. , Arnell, N. , 2012, A Proposal for A new Scenario Framework to Support Research and Assessment in Different

Climate Research Communities. *Glob Environ Chang*, 22: 21 – 35.

81. Van Vuuren, D. P., Kriegler, E., O'Neill, B. C., Ebi, K. L., Riahi, R., Carter, T. R., Edmonds, J., Hallegatte, S., Kram, T., Mathur, R., Winkler, H., 2013, A New Scenario Framework for Climate Change Research: Scenario Matrix Architecture. *Climatic Change*.

82. Vinuya, F., F. DiFurio and E. Sandoval, 2010, A Decomposition Analysis of CO_2 Emissions in the United States. *Applied Economics Letters*, 17 (10): 925 – 931.

83. Van Vuuren, D. P., Carter, T. R., 2014, Climate and Socio – economic Scenarios for Climate Change Research and Assessment: Reconciling the New with the old. *Climatic Change*, 122: 415 – 429.

84. Watson, R. T., M. C. Zinyowera and R. H. Moss (eds.), 1998, *The Regional Impacts of Climate Chamge: An Assessment of Vulnerability*. Cambridge University Press, UK.

85. WEC – IIASA, 1998, World Energy Scenarios: Global Energy Perspectives. https: //www. worldenergy. org/work – programme/strategic – insight/global – energy – scenarios/.

86. Xu, X. Y. and B. W. Ang, 2013, Index Decomposition Analysis Applied to CO_2 emission studies. *Ecological Economics*, (93): 313 – 329.

87. Zhang, Zhongxiang, 2002, Why Did the Energy Intensity Fall in China's Industrial Sector in the 1990s? In East – West working paper.

88. Zhang, Z., 1997, Macroeconomic Effects of CO_2 Emission Limits: A Computable Equilibrium Analysis for China. *Journal of Policy Modeling*, 19 (5): 213 – 250.

89. Zhang, Zhongxiang, 1998, *The Economics of Energy Policy in China: Implications for Global Climate Change*. Cheltenham, UK: Edward Elgar Publishing Limited, p. 279.

90. 曹丽格、方玉、姜彤等:《IPCC 影响评估中的社会经济新情景

（SSPs）进展》，《气候变化研究进展》2012 年第 1 期。

91. 曹丽格、方玉、姜彤等：《IPCC AR5 中社会经济新情景（SSPs）研究的最新进展》，《气候变化研究进展》2013 年第 3 期。

92. 陈健鹏：《温室气体减排政策：国际经验对中国的启示——基于政策工具演进的视角》，《中国人口资源与环境》2012 年第 9 期。

93. 陈体珠、陶红军：《日本能源供需分析及政策演变梳理》，《石家庄经济学院学报》2013 年第 1 期。

94. 陈新伟、赵怀普：《欧盟气候变化政策的演变》，《国际展望》2011 年第 1 期。

95. 陈迎、潘家华：《对斯特恩新报告的要点评述和解读》，《气候变化研究进展》2008 年第 5 期。

96. 崔艳新：《欧盟应对气候变化政策的进展及影响》，《国际经济合作》2010 年第 6 期。

97. 丁敏：《近 3000 年来中国气候变化及对社会经济发展的影响综述》，《泰山学院学报》2005 年第 6 期。

98. 高振宇、王益：《我国生产用能源消费变动的分解分析》，《统计研究》2007 年第 3 期。

99. 韩智勇、魏一鸣、范英：《中国能源强度与经济结构变化特征研究》，《数理统计与管理》2004 年第 11 期。

100. 贺菊煌、沈可挺、徐嵩龄：《碳税与二氧化碳减排的 CGE 模型》，《数量经济技术经济研究》2002 年第 10 期。

101. 何文园等：《一次能源消费及刚性减排分析》，《大江周刊·论坛》2010 年第 3 期。

102. 胡萌：《再论我国能源强度降低问题》，《统计研究》2006 年第 3 期。

103. 蒋金荷、徐波：《能源强度分解方法综合评价和中国能源的实证分析》，载中国社会科学院经济政策与模拟重点研究室编《经济政策与模拟研究报告》第二辑，经济管理出版社 2009 年版。

104. 蒋金荷：《中国碳排放量测算及影响因素分析》，《资源科学》2011 年第 4 期。

105. 姜克隽等：《中国发展低碳经济的成本优势》，《绿叶》2009 年第 5 期。

106. 江忆：《中国建筑耗能状况及有效的节能途径》，《暖通空调》2005 年第 35 期。

107. 李国正、安爽、白彦：《碳减排政策对中国出口贸易的影响研究》，《学术论坛》2014 年第 2 期。

108. 李继峰、张阿玲：《混合式能源—经济—环境系统模型构建方法论》，《系统工程学报》2007 年第 5 期。

109. 李善同、翟凡：《一个中国经济的可计算一般均衡模型》，《数量经济技术经济研究》1997 年第 3 期。

110. 刘大炜、许珩：《日本气候变化政策的过程论分析》，《日本研究》2013 年第 4 期。

111. 刘小川、汪曾涛：《二氧化碳减排政策比较以及我国的优化选择》，《上海财经大学学报》2009 年第 11 期。

112. 马建英：《和平与发展》，《奥巴马政府的气候政策分析》2009 年第 5 期。

113. 马建英：《美国的气候治理政策及其困境》，《美国研究》2013 年第 4 期。

114. 马晓微、刘兰翠：《中国区域产业终端能源消费的影响因素分析》，《中国能源》2007 年第 7 期。

115. 彭源贤、张光明：《中国能源消费效率提高因素分析：1995—2003——产业结构和真实效率谁更重要》，《生产力研究》2007 年第 10 期。

116. 钱皓：《正义、权利和责任：关于气候变化问题的伦理思考》，《世界经济与政治》2010 年第 10 期。

117. 《气候变化国家评估报告》编写委员会：《气候变化国家评估报告》，科学出版社 2006 年版。

118. 邵冰：《日本的气候变化政策》，《学理论》2010 年第 33 期。

119. 盛济川、吴优：《发展中五国森林减排政策的比较研究——基于结构变量 "REDD + 机制" 政策评估方法》，《中国软科学》

2012 年第 9 期。

120. 世界气象组织（WMO）：《整个北半球 CO_2 浓度高达百万分之 400》（新闻通稿），http：//www. wmo. int/pages/mediacentre/ press_ releases/documents/991_ zh. pdf，2014 年 5 月 26 日。

121. 石敏俊、袁永娜、周晟吕、李娜：《碳减排政策：碳税、碳交易还是两者兼之?》，《管理科学学报》2013 年第 16 期。

122. 孙鹏、顾晓薇、刘敬智、王青：《中国能源消费的分解分析》，《资源科学》2005 年第 5 期。

123. 杜婷婷、毛锋、罗锐：《中国经济增长与 CO_2 排放演化探析》，《中国人口·资源与环境》2007 年第 17 期。

124. 王光照、孙艳艳：《从奥巴马气候政策调整看其"巧实力"战略的施展及对我国的影响》，《全球科技经济瞭望》2012 年第 1 期。

125. 王庆一：《中国的能源效率及国际比较》，《节能与环保》2003 年第 8 期。

126. 王庆一：《中国 2007 年终端能源消耗和能源效率（上、中、下)》，《节能与环保》2009 年第 2—4 期。

127. 王玉潜：《基于投入产出方法的能源消耗强度因素模型》，《中南财经政法大学学报》2005 年第 6 期。

128. 王玉潜：《能源消耗强度变动的因素分析方法及其应用》，《数量经济技术经济研究》2003 年第 8 期。

129. 王玉潜：《能源消耗强度的直接因素分析与完全因素分析的比较》，《学术论坛》2003 年第 9 期。

130. 王铮、吴静、朱永彬、乐群：《气候保护的经济学》，科学出版社 2010 年版。

131. 魏一鸣、范英、韩智勇等：《中国能源报告（2006）：战略与政策研究》，科学出版社 2006 年版。

132. 魏一鸣等：《中国能源报告（2008）：碳排放研究》，科学出版社 2008 年版。

133. 徐国泉、刘则渊、姜照华：《中国碳排放的因素分解模型及实证分析：1995—2004》，《中国人口·资源与环境》2006 年第 16 期。

134. 杨林锋、易芳：《国内外温室气体减排政策》，《广东化工》2012 年第 18 期。

135. 余建军：《美国奥巴马政府气候变化政策及对我国的启示》，《国际观察》2011 年第 6 期。

136. 张刚刚、金凡：《透过节能减排政策和制度看中国节能减排》，《武汉理工大学学报》2010 年第 32 期。

137. 张国兴等：《政策协同：节能减排研究的新视角》，《系统工程理论与实践》2014 年第 34 期。

138. 郑玉歆、樊明太：《中国 CGE 模型及政策分析》，社会科学文献出版社 1999 年版。

139. 钟笑寒、李子奈：《全球变暖的宏观经济模型》，《系统工程理论与实践》2002 年第 3 期。

140. 周剑、何建坤：《欧盟气候变化政策及其经济影响》，《现代国际关系》2009 年第 2 期。

141. 周鹏、B. W. Ang、周德群：《基于指数分解分析的宏观能源效率评价》，《能源技术与管理》2007 年第 5 期。

142. 周新军：《国内外碳排放约束机制及减排政策》，《当代经济管理》2013 年第 5 期。

143. 周勇、李廉水：《中国能源强度变化的结构与效率因素贡献——基于 AWD 的实证分析》，产业经济研究 2006 年第 4 期。

144. 朱永彬、刘晓、王铮：《碳税政策的减排效果及其对我国经济的影响分析》，《中国软科学》2010 年第 4 期。